职场达人这样用 Excel

神龙工作室 ＿ 策划

教传艳 ＿ 主编

人民邮电出版社

北 京

图书在版编目（ＣＩＰ）数据

职场达人这样用Excel / 教传艳主编. -- 北京：人
民邮电出版社，2022.5
ISBN 978-7-115-57807-5

Ⅰ．①职… Ⅱ．①教… Ⅲ．①表处理软件 Ⅳ.
①TP391.13

中国版本图书馆CIP数据核字(2021)第231538号

内 容 提 要

本书以大量实际工作经验为基础，以解决工作中的常见问题为导向，介绍利用 Excel 提升
工作效率的方法。

本书共 12 章，按照由易到难、循序渐进的方式，详细讲解表格的制作规范，整理与填充
数据，排序、筛选与汇总，数据分析方法与工具，用数据透视表快速汇总数据，图表与数据
可视化，公式与函数的应用，高级分析工具的应用，查看与打印工作表，员工工资数据分析，
成交转化量与利润分析，入职人员结构分析等内容。读者可以根据自身的 Excel 应用水平，灵
活选择学习内容，完成对 Excel 知识储备的更新，提升日常工作的效率。

本书内容丰富，图文并茂，可操作性强，难度适中，既可作为职场新人的自学教程，又
可为从事数据分析工作的人士提供学习参考，对 Excel 爱好者和即将走向职场的在校大学生来
说也是一本不错的工具书。

◆ 主　编　教传艳
　　责任编辑　马雪伶
　　责任印制　胡　南

◆ 人民邮电出版社出版发行　　北京市丰台区成寿寺路 11 号
　　邮编　100164　电子邮件　315@ptpress.com.cn
　　网址　https://www.ptpress.com.cn
　　北京宝隆世纪印刷有限公司印刷

◆ 开本：700×1000　1/16
　　印张：17　　　　　　　　　2022 年 5 月第 1 版
　　字数：349 千字　　　　　　2022 年 5 月北京第 1 次印刷

定价：89.90 元

读者服务热线：(010)81055410　印装质量热线：(010)81055316
反盗版热线：(010)81055315
广告经营许可证：京东市监广登字 20170147 号

前言

大数据时代，数据已经渗透到多个行业和领域。能快速制作一张条理清晰、设置合理的表格，会分析数据，几乎已成为对当代职场人的基本要求之一。同时，会用数据说话，也能使人与人之间的沟通更顺畅。例如，和同事沟通时，你提出"应该增加产品 A 的营销费用"，同事问你的判断依据是什么，这时你是简单地说"产品 A 的市场前景好"，还是拿出早已准备好的数据，有理有据地展开分析？很明显，后者更容易让你获得同事的认可。

数据分析工具有很多，对于大多数职场人来说，Excel 是不错的选择，其对数据的处理与分析能力非常强大——不管是对数据的整理、汇总，还是要将数据制作成报表、图表，使用 Excel 都可以轻松应对。对于经常和数据打交道的人来说，熟练使用 Excel 能提高工作效率，减少无效劳动。

为什么选择本书？

本书具有以下特点。

表格规范 本书中表格的设计不仅着眼于满足工作人员"做表"的需求，还考虑了对表格中的数据进行分析时的需求，能帮助读者在解决实际工作问题的同时建立数据化思维。

案例实用 本书以高效工作为目的，只介绍工作中常用的 Excel 功能，通过典型案例和详细的操作步骤，帮助读者轻松学会 Excel 在数据分析中的常用功能及技法，解决工作中遇到的实际问题。

流程完整 有的读者认识到数据分析很重要，热衷于学习各种分析方法，却忽略了基础的表格制作、数据整理等操作，于是常常会碰到以下问题。

①表格中显示的内容与输入的不一样。

②大量重复的数据还要手动输入。

③拿到的数据不规范、不完整，不知如何用 Excel 处理。

…………

本书旨在告诉读者：制作表格，不仅是将数据放在一个个单元格里；收集数据，就要知道怎么高效快捷录入；存储数据，就得明白每种数据对应的格式；整理数据，是为了让数据分析的结果更加准确；美化表格，是为了更好地呈现数据分析的结果；分析数据，不是为了分析而分析，而是为了解决实际问题。

如何获得本书赠送的资源？

本书附赠丰富的办公资源大礼包，包括 Office 应用技巧电子书、精美的 PPT 素材模板、函数应用电子书等。

微信扫描下方二维码，关注"职场研究社"，回复"57807"，即可获取本书赠送资源的下载方式，也可以加入 QQ 群（群号码见"职场研究社"后台回复的消息）交流学习。

由于作者能力有限，书中难免有疏漏和不妥之处，敬请读者批评指正。若读者在阅读过程中产生疑问或者有任何建议，可以发送电子邮件至 maxueling@ptpress.com.cn。

目 录

第3章 排序、筛选与汇总

第4章 数据分析方法与工具

第7章　公式与函数的应用

第8章 高级分析工具的应用

第9章　查看与打印工作表

第10章　员工工资数据分析

第11章　成交转化量与利润分析

第12章　入职人员结构分析

第 1 章

制作规范的表格

- 不熟悉操作界面，怎么入手 Excel？
- 数据直接输入就可以吗？
- 输入数据总出错，如何避免呢？
- 输入完数据，应该怎么美化表格呢？

数据输入要规范，
表格美化也必不可少。

1.1 快速熟悉Excel界面

Excel 是我们在日常办公中经常使用的数据处理工具，但是在使用它时，很多人却会在一些小问题上无从下手。究其原因，可能是他们对 Excel 的术语名称和基本功能不熟悉，以至于在学习或请教他人时连基本的问题描述都搞不清楚，这样又怎么能解惑呢？要学好 Excel，首先要了解 Excel。下图所示为 Excel 界面及描述术语。

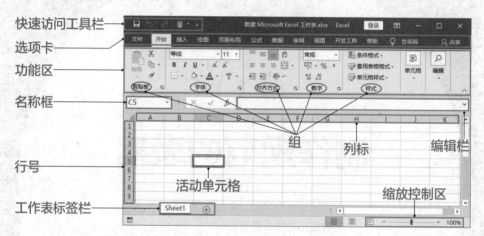

Excel 界面中的各个模块都有专门的功能，在了解了这些模块的名称和位置后，我们再来了解一下几种常用的基础操作。

工作簿与工作表基础操作

一个 Excel 文件又称为一个工作簿。打开工作簿后，当前界面中显示的内容就是工作表的内容。自 Excel 2013 开始，默认情况下，工作簿中只有一个工作表（Sheet1），用户可以根据需求新建或删除工作表。

若要切换工作表，可以单击工作表标签。双击工作表的标签，可以输入新的工作表名称。单击工作表标签右侧的【＋】号按钮，可以新建工作表。如下图所示。

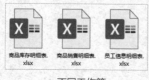

▲ 不同工作簿

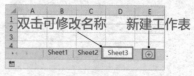

▲ 同一个工作簿的不同工作表

单元格基础操作

单元格是 Excel 中存放数据的基本元素，每个单元格都可以通过由行号和列标组成的名称进行标识，例如，下图中单击的是 B2 单元格。

用鼠标左键单击 B2 单元格，B2 单元格就成了活动单元格，接下来可以对其进行编辑。此时名称框中会显示单元格的名称，右侧的编辑栏中会显示单元格存储的真实内容。

例如，B2 单元格显示的内容为 7，但其存储的是公式"=4+3"。这里，读者只需要知道单元格显示的内容与单元格中存储的真实内容可能不同就可以了。

区域的选择方法

工作表中多个连续的单元格组成的区域被称为一个单元格区域。每个单元格区域都可以通过其左上角和右下角的单元格名称表示，中间以英文冒号连接，例如"A1:C3 单元格区域"。

选择 A1:C3 单元格区域的方法有两种：一是用鼠标左键单击 A1 单元格，然后按住鼠标左键不放，将鼠标指针拖曳至 C3 单元格；二是先单击 A1 单元格，然后按住【Shift】键单击 C3 单元格。

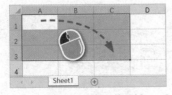

▲ 用鼠标选择单元格区域

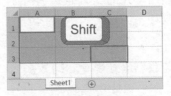

▲ 用【Shift】键选择单元格区域

如果想选择某一行或某一列，只需单击对应的行号或列标即可。例如，单击行号 3，可选择第 3 行整行，同理选择 B 列只需单击列标 B。

单击表格左上角的全选按钮 ◢，可以选择整个工作表区域。选择后就可以对该区域进行操作了。

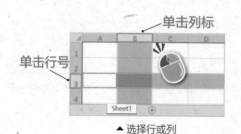

▲ 选择行或列　　　　　　　　　　▲ 选择整个工作表区域

1.2　规范做表第一步，从数据输入开始

数据输入是 Excel 表格的基础操作，可能有读者会问，数据输入不就是用键盘输入数据吗？还要学什么呢？

Excel 的数据输入可不只是单纯用键盘输入数据这么简单，单元格是可以设置不同的数字格式的。同样的数据设置为不同的数字格式，显示效果可能是不同的。因此，学习数字格式类型，是学习数据输入的重点。

数字格式类型	显示效果
常规格式	44197
数值格式	44197.00
货币格式	¥44,197.00
日期格式	2021/1/1
文本格式	44197
自定义格式	- 44-197

1.2.1　输入数值数据

新员工小刘接到一个任务：按订单编号录入订单信息。小刘开始工作，刚输入几个单价，却发现小数部分最后面的 0 没有显示出来，如下图所示。

因为单元格默认的数字格式为常规，该格式下，数字前后的 0 会被自动省略。因此，数值型数据最好用专门的数字格式显示，具体步骤如下。

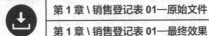

配 套 资 源
第 1 章 \ 销售登记表 01—原始文件
第 1 章 \ 销售登记表 01—最终效果

扫码看视频

STEP1» 打开本实例的原始文件，❶单击 C 列列标，❷切换到【开始】选项卡，❸单击【数字】组右下角的对话框启动器按钮，如下图所示。

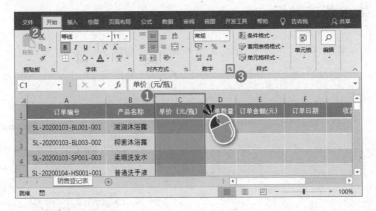

STEP2» 弹出【设置单元格格式】对话框，❶在【分类】列表框中选择【数值】选项，❷将【小数位数】设置为【2】，❸在【负数】列表框中选择第 4 个选项，❹单击【确定】按钮，如右图所示。

STEP3» 重新输入数字，可以发现，不管输入的是几位小数，结果都会自动显示为小数点后两位小数的形式，如右图所示。

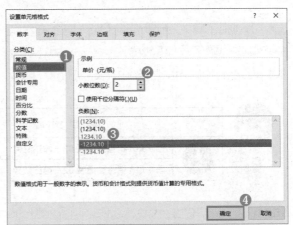

可以在录入数据前设置单元格格式，也可以在录入数据后修改单元格格式，一般不会影响结果显示。比较特殊的情况是，当输入的数字位数很多时，建议先设置格式再输入数据，具体可参阅 1.2.4 小节的内容。

在设置列的数据类型时，可以直接选中整列（包含标题），从而提高效率。

1.2.2 输入货币数据

小刘设置好 C 列的数字格式，将对应的数据录入，并用公式计算出了订单金额。当他正准备为 E 列设置数字格式时，突然想到，公司要求订单金额前必须加货币符号，并且要有千位分隔符。

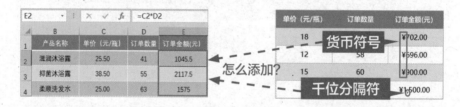

小刘犯了难，"难道要逐个录入吗？有没有简便的办法呢？"

其实，除了数值型数据外，Excel 中还有专门用于显示货币金额的货币型数据格式。用户可以根据需求自定义设置，具体步骤如下。

配 套 资 源
第 1 章 \ 销售登记表 02—原始文件
第 1 章 \ 销售登记表 02—最终效果

扫码看视频

STEP1» 打开本实例的原始文件，单击 E 列列标，然后单击【数字】组右下角的对话框启动器按钮，如下图所示。

STEP2» 弹出【设置单元格格式】对话框，❶在【分类】列表框中选择【货币】选项，❷在右侧将【小数位数】设置为【2】，❸在【货币符号（国家 / 地区）】下拉列表中选择【¥】选项，❹在【负数】列表框中选择第 4 个选项，❺单击【确定】按钮。

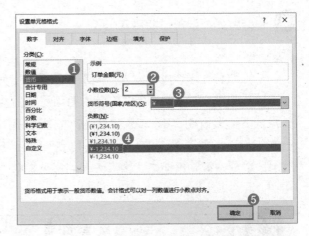

设置完成后的效果如右图所示，可以看到 E 列中的数据既有货币符号，又有千位分隔符了。

1.2.3 输入日期数据

小刘有条不紊地继续工作，他觉得输入日期没有需要特别注意的，认真输入数据就可以了。可同事看了一眼后，直接指出小刘输入的日期是错误的。小刘很困惑，"我明明很仔细地输入数据，哪里错了呢？"

小刘犯的错误是没有按照 Excel 规定的格式输入数据。要判断日期格式是否正确，可以看日期输入后的显示方式和对齐方式。常规格式下，如果输入日期的格式正确，系统会自动将其修改为默认的日期格式显示，即以"/"分隔年月日，同时日期数据在单元格中会自动右对齐。

因此，在输入日期数据时一定要遵循 Excel 的规则，按照正确的日期格式输入日期。

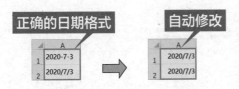

Q 有必要提前设置日期格式吗?

A

当然有，这样可以大大提高工作效率。常规格式下输入日期，Excel 只能将其显示为某月某日；日期格式下输入日期，Excel 会自动为其添加系统中设置的年份。当需要输入的日期都需要完整显示年月日时，提前设置好日期格式会大大提高输入效率。

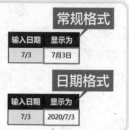

配套资源

第 1 章 \ 销售登记表 03—原始文件
第 1 章 \ 销售登记表 03—最终效果

扫码看视频

STEP1» 打开本实例的原始文件，单击 F 列列标，然后单击【数字】组右下角的对话框启动器按钮，如下图所示。

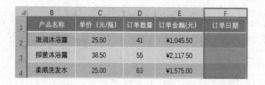

STEP2» 弹出【设置单元格格式】对话框，❶在【分类】列表框中选择【日期】选项，❷在【类型】列表框中选择第 1 个选项，❸单击【确定】按钮。

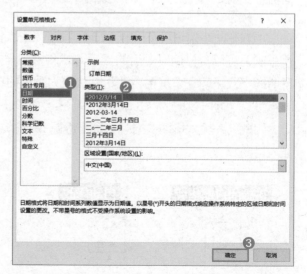

设置完成后，在 F2 单元格中输入"7/3"，按【Enter】键确认输入，日期显示为"2020/7/3"。因此，在这一列输入日期时只输入月和日即可，这样就提高了输入效率。

1.2.4　输入文本数据

工作了一天的小刘只剩下最后一项任务：输入收款账号。小刘不敢大意，仔细对照数据输入账号信息，才输入了几条，小刘又发现了问题：一是"收款账号"列中的数据后面都显示为"E+18"；二是本该显示真实数据的编辑栏"说谎了"——每一个账号的后四位都是 0，这是为什么呢？

在常规格式下，数字位数超过 11 位，在单元格中就会显示为科学记数法，编辑栏中会显示完整的数字。但是，当位数超过 15 位时，编辑栏中 15 位以后的数字会自动显示为 0。银行卡卡号一般是 19 位左右的数字，所以想要在 Excel 里记录完整的银行卡号，必须将它存储为文本型数据。

> **Tips**
>
> 　　文本格式要在数据输入前设置，数据一旦输入完成，再修改为文本格式，显示为科学记数法的数字仍以科学记数法显示，并且 15 位以后的 0 也不会变回初始录入的数据。因此，只能将已经输入的数据删除，设置好单元格的格式后重新录入。

配套资源	
第 1 章 \ 销售登记表 04—原始文件	
第 1 章 \ 销售登记表 04—最终效果	

扫码看视频

STEP» 打开本实例的原始文件，❶选中 G 列的数据，❷切换到【开始】选项卡，❸在【数字】组中单击数字格式的下拉按钮，❹在弹出的下拉列表中选择【文本】选项，如下图所示。

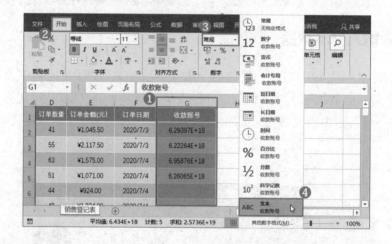

可以看到，即便更改了格式，已经输入的数据也没有任何变化。选中 G2:G5 单元格区域，按【Delete】键删除数据，重新输入数据，此时单元格中的数字便以文本格式全部显示出来了。

文本型数据的特点：

①默认状态下，文本型数据自动靠左对齐，单元格左上角有一个绿色小三角标记；

②文本型数据不能参与数值运算，因此，除了特殊情况（如为了显示完整的长数字），不要随意将数据设置为文本型。

1.2.5 使用自定义格式，数据随意显示

小刘把销售登记表上交后，领导让他重新整理订单金额数据，要求所有数据的宽度保持一致，同时去掉货币符号，在数据后加上单位"元"。这种要求涉及自定义格式，本实例需要用到数字占位符"0"，也就是用多个 0 来设定一种数字格式，所有输入的数据都将按这种设定的格式来显示。

Tips
一个数字占位符"0"代表一个字符。如果输入的字符长度大于占位符的长度，则显示实际数字；如果小于占位符的长度，则显示时用"0"补位。如自定义格式设置为"000.00"，输入"16.5"，则显示为"016.50"。

配 套 资 源	
第 1 章 \ 销售登记表 05—原始文件	
第 1 章 \ 销售登记表 05—最终效果	

扫码看视频

STEP1» 打开本实例的原始文件，单击 E 列列标，然后单击【数字】组右下角的对话框启动器按钮，如下图所示。

	A	B	C	D	E
1	订单编号	产品名称	单价（元/瓶）	订单数量	订单金额(元)
2	SL-20200103-BL001-001	滋润沐浴露	25.50	41	¥1,045.50
3	SL-20200103-BL003-002	抑菌沐浴露	38.50	55	¥2,117.50
4	SL-20200103-SP001-003	柔顺洗发水	25.00	63	¥1,575.00

STEP2» 弹出【设置单元格格式】对话框，❶在【分类】列表框中选择【自定义】选项，由于右侧【类型】列表框中没有需要的选项，因此需要手动输入格式，❷在【类型】文本框中输入"0000.00"元"，❸单击【确定】按钮，如下页图所示。

设置完成后，效果如右图所示。数字占位符保证了所有数据的宽度一致，同时，原来的货币符号没有了，数据末尾加上了"元"。由此可知，只要符合自定义格式规则，数据就可以按需求显示。

1.3　一招解决输入错误的问题，数据验证

小刘的新任务是整理员工信息表。员工信息表的很多数据可以直接从系统导出，小刘需要填的数据只有一些"部门""职务"等信息，没有什么特殊的格式要求。但是，在实际输入过程中，小刘却发现，对于一些需要重复输入的内容，经常会出现漏字、输错字或者文本不正确等情况。

员工编号	姓名	部门	职务	手机号码	身份证号
SL047	安杰	生产部	生产作员	少输入一个字	78424
SL097	卜梦	财务	应付会计	43****198804035674	
SL002	曹亦寒	总经办	常务	没有该职务	05216362
输入错误		生产不	生产操作员	37****198707111698	

其实，类似"部门""职务"这些字段，对应的内容并不多，在输入时会进行大量重复操作，这样就极易出错。这时可以使用数据验证功能，将需要输入的内容做成包含若干可选项的下拉列表，这样在简化操作的同时还能避免输入错误。

1.3.1　使用下拉列表，快速准确输入数据

一级下拉列表

如果只有"部门"这一类字段，做成一级下拉列表即可，效果如下图所示。单击单元格，右下角会出现下拉按钮，单击该下拉按钮后会出现下拉列表，里面有提前设置好的部门选项，只需选择即可完成输入操作。

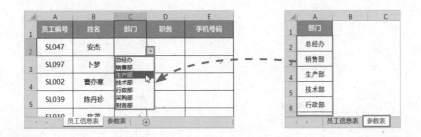

配 套 资 源
第 1 章 \ 员工信息登记表 01—原始文件
第 1 章 \ 员工信息登记表 01—最终效果

扫码看视频

要制作这样的下拉列表，首先要新建一个参数表，然后将所有部门的名称全都输入参数表里，以便引用，最后设置数据验证，具体步骤如下。

STEP1»打开本实例的原始文件，❶单击 C 列列标，然后按住【 Ctrl 】键单击 C1 单元格，这样即可选中 C 列中除标题外的所有区域，❷切换到【 数据 】选项卡，❸单击【 数据工具 】组中的【 数据验证 】按钮，如下页图所示。

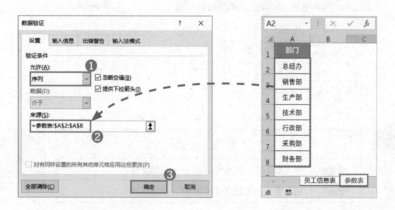

STEP2» 弹出【数据验证】对话框，❶在【允许】下拉列表中选择【序列】选项，❷单击【来源】文本框，然后切换到参数表，选择A2:A8单元格区域，❸单击【确定】按钮，如下图所示。

设置完成，结果如右图所示。C列中除C1单元格外的所有区域都被设置了数据验证，只要选中单元格就会出现下拉按钮，单击下拉按钮就可以在下拉列表中选择相应的部门。这样既节省了输入时间，也避免了输入错误。

"部门"字段的下拉列表做完了，那么"职务"字段是不是也可以使用下拉列表来输入？当然可以，只不过要做"职务"字段的下拉列表可就没那么简单了，需要做二级联动下拉列表。

二级联动下拉列表

在制作"职务"字段的下拉列表前，先要在参数表中将职务全部罗列出来，注意要按照部门横向填写，使每个部门右侧包含其所有职务，如下图所示。

部门	职务								
总经办	总经理	常务副总	生产副总	总工程师	高级经理				
销售部	销售经理	总监	销售专员	文员	经理	主管			
生产部	经理	生产主管	计划主管	物料计划员	产线物料员	生产操作员	组长		
技术部	经理	QC主管	QE工程师	质检员	文员	设计工程师	电子工程师	电子技术员	组长
行政部	招聘专员	经理	薪酬专员	培训专员	人事助理	行政专员	司机	门卫	清洁工	行政前台
采购部	采购专员	采购助理							
财务部	应收会计	总账会计	经理	成本会计	应付会计	出纳			

最后实现的效果是"职务"字段的下拉列表中的内容将随着"部门"字段变换。例如，当 C2 单元格为生产部时，D2 单元格的下拉列表就包含生产部中的所有职务；当 C3 单元格为财务部时，D3 单元格的下拉列表就包含财务部中的所有职务。

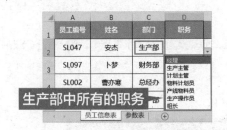
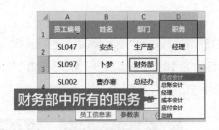

这样的下拉列表被称为二级联动下拉列表，制作二级联动下拉列表的具体步骤如下。

配套资源
第 1 章 \ 员工信息登记表 02—原始文件
第 1 章 \ 员工信息登记表 02—最终效果

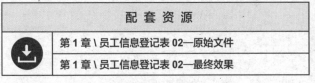

扫码看视频

STEP1» 打开本实例的原始文件，切换到【参数表】，❶选中 D2:N8 单元格区域，可以看到选中的区域中有很多空值，要先清除这些空值，❷按【Ctrl】+【G】组合键，弹出【定位】对话框，❸单击【定位条件】按钮，如下页图所示。

STEP2» 弹出【定位条件】对话框，❶选中【常量】单选钮，❷单击【确定】按钮，如右图所示。

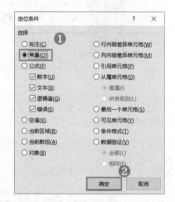

STEP3» 此时 Excel 会自动选中含有数据的单元格，❶切换到【公式】选项卡，❷单击【定义的名称】组中的【根据所选内容创建】按钮，弹出对话框，❸勾选【最左列】复选框，❹单击【确定】按钮，如下图所示。

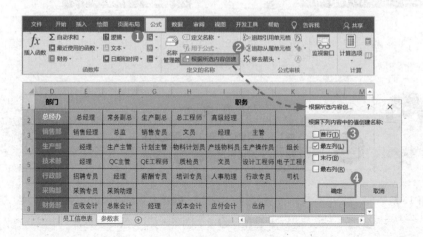

STEP4» 切换到【员工信息表】，❶选中 D 列中除 D1 单元格外的所有单元格，❷切换到【数据】选项卡，❸单击【数据工具】组中的【数据验证】按钮，如下图所示。

STEP5» 弹出【数据验证】对话框，❶在【允许】下拉列表中选择【序列】选项，❷在【来源】文本框中输入 "=INDIRECT(C2)"，❸单击【确定】按钮，这样就完成了 "职务" 字段下拉列表的制作，如下图所示。

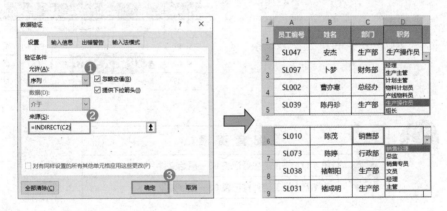

 Tips

INDIRECT 函数的格式如下：

INDIRECT（单元格引用，引用类型）

该函数的功能为返回单元格引用所指定的单元格的值。引用类型一般省略，省略时表示对 A1 样式的单元格进行引用。当需要引用单元格里的内容时，可以使用该函数，示例如下。

	A	B
1	B1	66
2	B3	
3	财务部	1.618

公式	说明	结果
=INDIRECT(A1)	引用A1中的值，实际引用的是单元格B1，即值66	66
=INDIRECT(A2)	引用A2中的值，实际引用的是单元格B3，即值1.618	1.618
=INDIRECT(A3)	引用A3中的值，引用的是"财务部"，因为已经提前定义了财务部的名称，所以最终值为财务部中的职务（返回值应该是包含财务部所有职务的数组，由于一个单元格只能显示一个值，因此这里只返回一个职务名称）	应收会计

　　本实例已经在参数表里将各部门名称与后面的职务进行了对应，所以，当在下拉列表中使用 INDIRECT 函数引用 C 列数据时，D 列出现的是定义好的各部门的职务列表。

1.3.2　限制内容长度，保证数据统一性

　　小刘此时还需要输入每个人的手机号码。输入这种非重复数据时无法使用下拉列表，只能手动输入。虽然小刘很仔细地输入，可还是免不了出错，其中最常出现的是漏输数字。

　　其实，输入过程中虽然避免不了这样的情况，但我们可以设置一个警告对话框，当输入数据的长度不满足条件时就自动弹出。可利用数据验证功能来实现警告对话框，具体步骤如下。

	A	B	C	D	E
1	员工编号	姓名	部门	职务	手机号码
2	SL047	安杰	生产部	生产操作员	13236594856
3	SL097	卜梦	财务部	应付会计	13996855562
4	SL002	曹	少输入一位		1563267892
5	SL039	陈丹珍	生产部	生产操作员	13615867896

STEP1» 打开本实例的原始文件，❶选中 E 列中除 E1 单元格外的所有单元格，❷单击【数据工具】组中的【数据验证】按钮的上半部分，如下图所示。

	A	B	C	D	E
1	员工编号	姓名	部门	职务	手机号码
2	SL047	安杰	生产部	生产操作员	13236594856
3	SL097	卜梦	财务部	应付会计	13996855562
4	SL002	曹亦寒	总经办	常务副总	1563267892

分列　快速填充　删除重复值　数据验证 ·　合并计算　关系　管理数据模型

数据工具

STEP2» 弹出【数据验证】对话框，❶在【允许】下拉列表中选择【文本长度】选项，❷在【数据】下拉列表中选择【等于】选项，❸在【长度】文本框中输入"11"，❹切换到【出错警告】选项卡，❺在【标题】文本框中输入"输入错误"，❻在【错误信息】文本框中输入"请输入 11 位数字"，❼单击【确定】按钮，如下图所示。

STEP3» 现在来看看警告是否设置成功。在 E6 单元格中输入 10 位数字，按【Enter】键后，会立刻弹出警告对话框，对话框的名称和其中的内容都是刚才设置的，如下图所示。

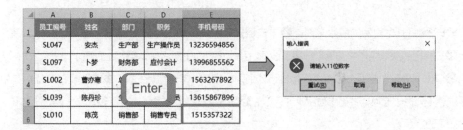

1.4　设置员工信息明细表样式

　　小刘输入数据时使用的都是别人的表格模板，这样的表格即使处理好数据也不能直接发给其他人，还需要设置样式，可以从行高、列宽、字体、对齐方式、网格线等方面入手。

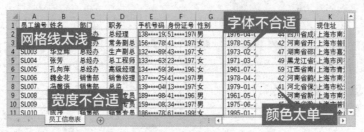

▲ 默认样式的表格

1.4.1 设置行高和列宽

　　从整体效果来看，一个明显的问题是单元格太紧凑，有些列的数据显示不完全，这说明行高或列宽不合适，因此需要调整行高或列宽。调整有两种方法，一种是整体设置，另一种是单独设置，具体步骤如下。

配 套 资 源
第 1 章 \ 员工信息明细表 01—原始文件
第 1 章 \ 员工信息明细表 01—最终效果

扫码看视频

STEP1» 打开本实例的原始文件，❶单击数据区域左上角的全选按钮 ◢，❷单击鼠标右键，❸在弹出的快捷菜单中选择【行高】选项，弹出【行高】对话框，❹将【行高】设置为【24】，❺单击【确定】按钮；❻将鼠标指针移动到列标区域，单击鼠标右键，❼在弹出的快捷菜单中选择【列宽】选项，弹出【列宽】对话框，❽将【列宽】设置为【10】，❾单击【确定】按钮，如下图所示。

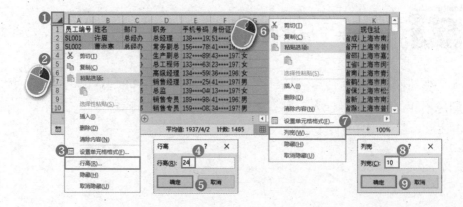

STEP2» 此时所有单元格的行高和列宽都是一样的，但 F 列的列宽仍然不够，身份证号码无法完整显示，因此需要再单独调整它的宽度。将鼠标指针移动到 F 列和 G 列的列标中间，当鼠标指针变成 ✛ 时双击，F 列便自动调整为适合的列宽，如下图所示。

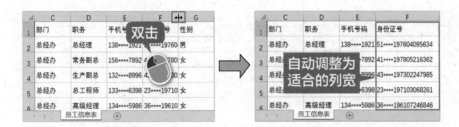

1.4.2 设置字体格式

调整好行高和列宽后，再来设置对齐方式和标题行的字体格式。一般情况下，用户对正文里的数据的字体格式没有特殊要求，但标题行需要突出显示，所以需要单独设置标题行的字体格式和填充颜色，具体步骤如下。

配 套 资 源	
	第 1 章 \ 员工信息明细表 02—原始文件
	第 1 章 \ 员工信息明细表 02—最终效果

扫码看视频

STEP1» 打开本实例的原始文件，❶单击数据区域左上角的全选按钮 ◢，❷切换到【开始】选项卡，❸单击【对齐方式】组中的【垂直居中】和【居中】按钮，如下图所示。

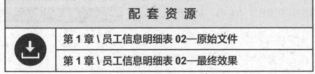

STEP2» ❶选中 A1:O1 单元格区域，❷单击【字体】组中字体的下拉按钮，❸在弹出的下拉列表中选择【微软雅黑】选项，❹单击字号的下拉按钮，❺在弹出的下拉列表中选择【12】选项，如下图所示。

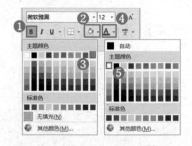

STEP3» ❶单击【字体】组中的【加粗】按钮；❷单击【填充颜色】按钮右侧的下拉按钮，❸在弹出的下拉列表中选择【绿色，个性色6】选项；❹单击【字体颜色】按钮右侧的下拉按钮，❺在弹出的下拉列表中选择【白色，背景1】，如右图所示。

员工编号	姓名	部门	职务	手机号码
SL001	许眉	总经办	总经理	138****1921
SL002	曹亦寒	总经办	常务副总	156****7892
SL003	华立辉	总经办	生产副总	132****8996

　　标题行美化后看起来似乎与工作表整体不协调，原因是原表格的网格线影响了显示效果，所以下一步便是设置边框格式。

1.4.3 设置边框格式

　　要自定义设置表格边框，首先应该去掉默认的网格线显示，然后设置网格线，以达到美化表格的目的，具体步骤如下。

配 套 资 源
第1章\员工信息明细表03—原始文件
第1章\员工信息明细表03—最终效果

扫码看视频

STEP1» 打开本实例的原始文件，选中数据区域中的任意一个单元格，❶切换到【视图】选项卡，❷取消勾选【显示】组中的【网格线】复选框，如下页图所示。

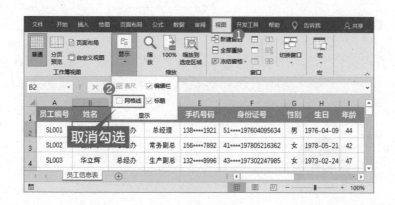

STEP2» ❶选中 A1:O1 单元格区域，❷按【Ctrl】+【Shift】+【↓】组合键选中数据区域，❸单击【字体】组右下角的对话框启动器按钮 ，如下图所示。

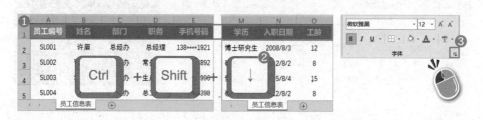

STEP3» 弹出【设置单元格格式】对话框，❶切换到【边框】选项卡，❷在【颜色】下拉列表中选择【绿色，个性色6，深色25%】选项，❸在【样式】列表框中选择第1列最后一个选项，❹选择【外边框】选项，❺在【边框】选项组中选择第1列第2个选项，❻单击【确定】按钮。

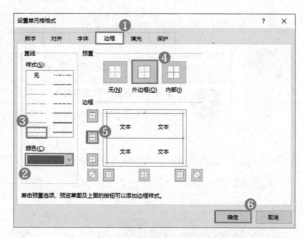

　　对比最初的表格可以看到，只需要几步操作就可以使表格美观不少。美化后的表格不仅处理起数据来方便，看起来也更加醒目、直观。

员工编号	姓名	部门	职务	手机号码
SL001	许眉	总经办	总经理	138****1921
SL002	曹亦寒	总经办	常务副总	156****7892
SL003	华立辉	总经办	生产副总	132****8996
SL004	张芳	总经办	总工程师	133****6398
SL005	孔向萍	总经办	高级经理	134****5986

1.4.4 设置表格样式

　　小刘对美化表格的操作已经得心应手了，但他很快又有了新问题。每次看同事的表格都感觉很漂亮，小刘觉得做出这样的表格一定很花时间，他们是怎么操作的呢？

　　其实，很多表格不用自己设计样式，直接套用 Excel 自带的模板就行了。这样不但快捷高效，而且制作出来的表格也很美观，具体步骤如下。

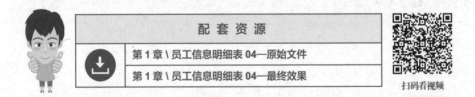

STEP1» 打开本实例的原始文件，修改表格样式修改的是单元格格式，不涉及行高和列宽。因此，先要修改表格区域的行高和列宽，使用对话框和双击设置即可，如下图所示。

STEP2» 选中数据区域中的任意一个单元格，❶切换到【开始】选项卡，❷单击【样式】组中的【套用表格格式】按钮，❸在弹出的下拉列表中选择【绿色，表样式中等深浅 14】选项，如下图所示。

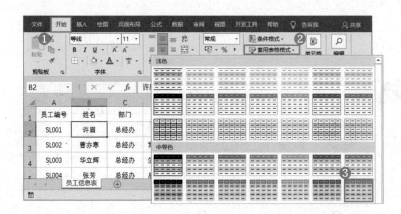

STEP3» 弹出【套用表格式】对话框，保持默认设置不变，单击【确定】按钮，如下图所示。

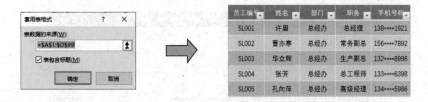

Tips 套用表格格式后，Excel 会自动添加筛选按钮，如果想去掉该按钮，有两种方法：

①选中数据区域中的任意一个单元格，菜单栏中便会出现【设计】选项卡，在【表格样式选项】组中取消勾选【筛选按钮】复选框；

②单击【工具】组中的【转换为区域】按钮，整个数据区域会转换为普通区域，只保留样式，筛选按钮也会消失。

1.4.5 设置条件格式

公司要对青年员工进行重点培养，于是让小刘在员工信息表上用红色字体
标注出年龄在 30 岁及以下的员工。小刘想，"这么多员工，要一个一个标记
吗？"其实，Excel 中有个功能叫"条件格式"，它专门用来根据指定条件设置
单元格的样式。将 30 岁及以下的员工的信息用红色字标注的具体步骤如下。

配 套 资 源
第 1 章 \ 员工信息明细表 05—原始文件
第 1 章 \ 员工信息明细表 05—最终效果

扫码看视频

STEP1» 打开本实例的原始文件，❶选中 A2:O2 单元格区域，按【Ctrl】+【Shift】+【↓】组合
键选中数据区域，❷切换到【开始】选项卡，❸单击【样式】组中的【条件格式】按钮，❹在
弹出的下拉列表中选择【新建规则】选项，如下图所示。

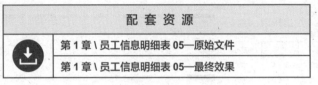

STEP2» 弹出【新建格式规则】对话框，❶在【选择规则
类型】列表框中选择【使用公式确定要设置格式的单元
格】选项，❷在【为符合此公式的值设置格式】文本框中
输入"=$I2<=30"（$I2 是混合引用，7.1.3 小节会详细讲
解），❸单击【格式】按钮，如右图所示。

STEP3» 弹出【设置单元格格式】对话框，❶在【颜色】下拉列表中选择【红色】选项，❷单击【确定】按钮，❸回到【新建格式规则】对话框，单击【确定】按钮，如下图所示。

　　调整后的效果如下图所示，可以看到年龄在 30 岁及以下的员工的信息全部用红色字体标注出来了。

	A	B	C	D	E	F	G	H	I
1	员工编号	姓名	部门	职务	手机号码	身份证号	性别	生日	年龄
8	SL007	冯馨语	销售部	总监	139****0407	13****197901065081	女	1979-01-06	41
9	SL008	朱功碧	销售部	销售专员	189****9846	41****196105063791	男	1961-05-06	59
10	SL009	钱如霜	销售部	销售专员	159****0820	34****197506229810	男	1975-06-22	45
11	SL010	陈茂	销售部	销售专员	186****7839	61****199501137386	女	1995-01-13	25
12	SL011	尤文涛	销售部	销售专员	156****7896	21****199511245329	女	1995-11-24	25

 本章内容小结

　　本章主要介绍了与 Excel 制表有关的基础操作，无论是输入数据时应该注意的格式问题，还是表格的美化操作，都是制作 Excel 表格必须掌握的操作，也是后续操作的基础。只有先打好基础，才能逐步提高制表能力。

　　下一章将介绍有关数据整理的小技巧，讲解如何处理那些让人头疼的不规范的表格。

第2章

整理与填充数据

- 重复数据怎么快速删除?
- 无意义的空值怎么处理?
- 不规范的日期怎么替换?
- 多字段列数据怎么拆分?

别看都是小技巧,
解决麻烦不能少。

日常工作中用来做数据分析的表格大部分都不是自己做的，而是从其他途径获取的。这样就会出现一个问题：这些表格可能不太符合数据分析的要求。

2.1　整理商品采购明细表

小刘接到一项新任务：整理上半年的商品采购明细表中的数据，并做相关分析。小刘起初觉得很简单，只要拿到明细表再用数据透视表做相关分析就行了，可才第一步就卡住了，小刘拿到的明细表存在以下问题。

①重复记录和空值都属于无用数据，留在表里只会成为干扰项，影响排序、筛选和汇总结果。

②标题的字段存在合并项要处理，如"规格型号 / 单位"列应分成两列，"采购数量"列中应只有数量。

③日期格式错误，该表中的日期在 Excel 中无法进行某些操作，也无法被识别为日期。

列中包含两个字段　　　　日期格式错误

合同号	商品编码	商品名称	规格型号/单位	单价（元）	采购数量	金额（元）	订购日期
2020011	0100201	茶蕊醒活眼部精华液	30ml/瓶	64.00	10瓶	640.00	2020.1.1
2020012	0100201	茶蕊醒活眼部精华液	50ml/瓶	84.00	17瓶	1428.00	2020.1.2
2020011	0100201	茶蕊醒活眼部精华液	30ml/瓶	64.00	10瓶	640.00	2020.1.1
2020013	0101001	茶蕊醒活眼部精华液	30ml/瓶	54.00			2020.1.1
2020012	0100201	茶蕊醒活眼部精华液	50ml/瓶	84.00	17瓶	1428.00	2020.1.2

重复记录　　　　　　　　　　　空值

Tips

本例中所列的商品信息均为虚拟，只作示例用。

如果挨个处理这些有问题的数据，将会耗费大量时间和精力。其实，小刘只要学会删除重复值、定位、查找替换、分列等小技巧，就可以轻松整理好表格。接下来，我们就从删除重复值开始。

2.1.1 删除重复值

将鼠标指针移动到要删除的行的行号或所在列的列标上，单击鼠标右键，在弹出的快捷菜单中选择【删除】选项，即可删除这一行或这一列的数据。

但是，对于半年的数据量，如果用这样的操作来处理，工作量会很大。此外，商品采购明细表里的重复数据指的是"合同号"和"商品编码"同时重复的数据，若靠人工核对的话效率太低。此时，可以使用 Excel 自带的删除重复值功能来化繁为简，提高工作效率，具体步骤如下。

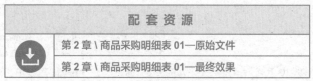

扫码看视频

STEP1» 打开本实例的原始文件，❶单击数据区域中的任意一个单元格，❷切换到【数据】选项卡，❸单击【数据工具】组中的【删除重复值】按钮，如下图所示。

STEP2» 弹出【删除重复值】对话框，❶单击【取消全选】按钮，❷在【列】列表框中勾选
【合同号】和【商品编码】复选框，❸单击【确定】按钮，弹出提示对话框，提示已删除重复
值，❹单击【确定】按钮，如下图所示。

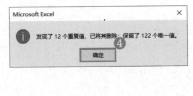

　　删除重复值后，表格里剩下的都是唯一值。原本需要挨个核对数据再进行
删除的操作，现在可以借助 Excel 的功能快速地实现，大大提高了工作效率。

	A	B	C	D	E	F	G
1	合同号	商品编码	商品名称	规格型号/单位	单价（元）	采购数量	金额（元）
2	2020011	0100201	茶荔醒活眼部精华液	30ml/瓶	64.00	10瓶	640.00
3	2020012	0100201	茶荔醒活眼部精华液	50ml/瓶	84.00	17瓶	1428.00
4	2020013	0101001	茶荔醒活眼部精华液	30ml/瓶	54.00		
5	2020014	0101001	茶荔醒活眼部精华液	50ml/瓶	84.00	13瓶	1092.00

Tips

　　删除重复值也可以用在这样的场景：如要提炼部门的字段信息制作
参数表时，可以从明细表里直接复制"部门"列数据，然后删除重复
值，得到唯一值。

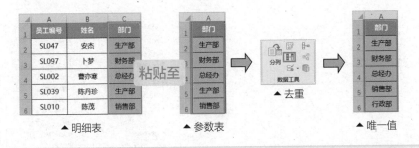

▲明细表　　　　▲参数表　　　　　　　　　　　　▲唯一值

2.1.2 精准定位数据

接下来我们处理表格中的空白单元格。本实例中，这些空白单元格分布在"采购数量"列和"金额（元）"列中，代表无意义的空值，需要删除，也就是将空值所在的行删除。虽然通过选中单元格也能删除行，但本小节介绍的重点在于如何同时选中所有的空值。这就要用到前面在制作二级联动下拉列表时使用的功能——数据定位了，下面直接定位全表的空值，然后将其删除，具体步骤如下。

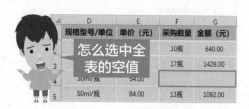

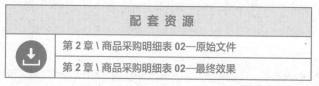

STEP1» 打开本实例的原始文件，选中数据区域中的任意一个单元格，按【Ctrl】+【G】组合键，如右图所示。

STEP2» 弹出【定位】对话框，❶单击【定位条件】按钮，弹出【定位条件】对话框，❷选中【空值】单选钮，❸单击【确定】按钮，如下图所示。

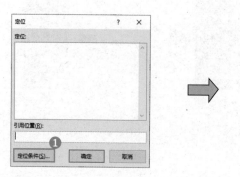

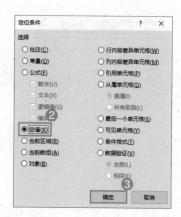

STEP3» 此时数据区域内所有的空值都被选中，❶将鼠标指针移动到任一空值所在的单元格，单击鼠标右键，❷在弹出的快捷菜单中选择【删除】选项，如下图所示。

STEP4» 弹出【删除】对话框，❶选中【整行】单选钮，❷单击【确定】按钮，带有空值的行被删除，下面的行自动上移，如下图所示。

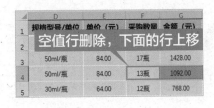

Tips

实际工作中，应先核实带有空值的行是否是多余的，以免误删了数据。

2.1.3 一键拆分数据列

现在表格里已经没有多余的信息，接下来我们来处理合并列。有两列需要分列：一个是"规格型号 / 单位"列（D 列），需要将其分成"规格型号"和"单位"两列；另一个是"采购数量"列（F 列），该列有数量和单位两类数据。由于 D 列会分离出单位，所以 F 列只需要分离出采购数量中的数值，并将"采购数量"列移动到"单价（元）"列的左边即可。

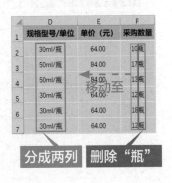

这两列都有各自的特点，"规格型号 / 单位"列的数据中间有特殊符号"/"，而"采购数量"列中的单位都是一个字（即数据宽度一致）。Excel 的分列功能可以根据特殊符号或固定宽度进行分列，下面分别介绍。

按特殊符号拆分列

　　在使用分列功能前，要注意一个问题：一列分成两列后，多出来的列放在哪里？Excel 没有自动插入列的功能，所以第一步是在合适的位置（一般在分离列的右侧，本例在 D 列的右侧）插入新的列，否则多出的列会自动替换右侧列中的数据，如下图所示。

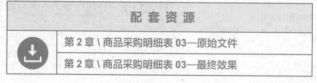

扫码看视频

配套资源
第 2 章 \ 商品采购明细表 03—原始文件
第 2 章 \ 商品采购明细表 03—最终效果

STEP1» 打开本实例的原始文件，❶选中"单价（元）"列的数据，单击鼠标右键，❷在弹出的快捷菜单中选择【插入】选项，以插入新列。❸选中 D 列数据，❹切换到【数据】选项卡，❺单击【数据工具】组中的【分列】按钮，如下图所示。

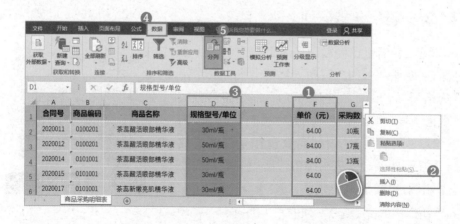

STEP2» 弹出【文本分列向导-第1步,共3步】对话框，❶选中【分隔符号】单选钮，❷单击【下

一步】按钮，进入文本分列的第2步，❸勾选【其他】复选框，在该复选框后面的文本框中输入"/"，❹单击【下一步】按钮，如下图所示。

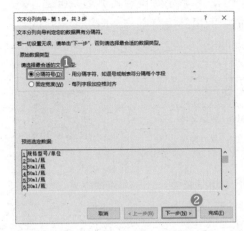

STEP3» 进入文本分列的第3步，设置两列数据的位置和格式，两列数据可以单独设置。如果没有特别需求，可直接单击【完成】按钮，如右图所示。

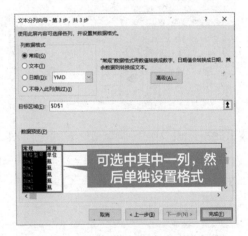

STEP4» 弹出提示对话框，由于我们已经提前插入了新的列，所以单击【确定】按钮，然后分别调整分离出的两列的列宽，如下图所示。

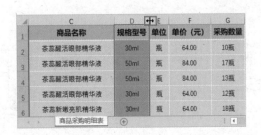

按固定宽度拆分列

　　"采购数量"列需要分离出数量和单位，同时还要将分离出的数量这一列移到"单价（元）"列的左侧。H列数据中间虽然没有符号，但表示单位的数据宽度一致，所以直接按固定宽度拆分列即可，具体步骤如下。

STEP1» 打开本实例的原始文件，❶选中 F 列，❷单击鼠标右键，在弹出的快捷菜单中选择【插入】选项，❸选中 H 列，❹单击【数据工具】组中的【分列】按钮，如下图所示。

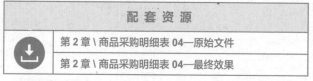

STEP2» 弹出【文本分列向导-第1步,共3步】对话框，❶选中【固定宽度】单选钮，❷单击【下一步】按钮，进入文本分列的第 2 步，❸在【数据预览】区域中将鼠标指针移动到"瓶"字的左侧，单击鼠标左键添加分隔线，❹单击【下一步】按钮，如下图所示。

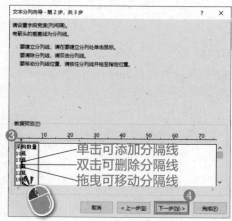

STEP3» 进入文本分列的第 3 步，❶在【目标区域】文本框中输入"=$F$1"，❷在【数据预览】区域中选中第 2 列数据，❸选中【不导入此列（跳过）】单选钮，❹单击【完成】按钮，如下图所示。

 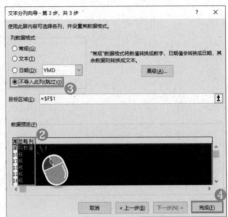

STEP4» 此时有两个问题：一是新列的标题不全；二是旧列依然存在，需要删除。❶选中 H 列，❷单击鼠标右键，在弹出的快捷菜单中选择【删除】选项，❸在 F1 单元格中将标题补充完整，如下图所示。

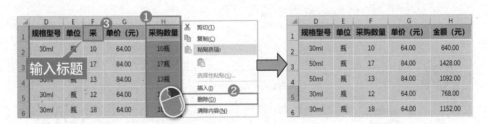

2.1.4　查找和替换

批量替换符号，清洗不规范日期

　　很多数据在查看状态下似乎并没有什么区别，例如，商品采购明细表中的日期数据中间以"."分隔，根据前面的介绍，这格式属于非法日期。虽然在表格里看起来没有什么，但一旦涉及数据分析，例如使用数据透视表功能汇总时，这些日期就无法被识别，也无法进行相关操作。

输入数据前应该设置好日期格式，对已经完成的数据进行的格式修改不会起作用。所幸 Excel 还有一项功能——查找和替换，可以帮助我们轻松完成不规则数据的批量替换。

> **Tips**
>
> 使用该功能前必须要确定数据替换的区域。因为如果不选择替换区域，替换操作会应用到全表数据，如果别的区域不涉及数据替换，那么可能会"伤及无辜"，这显然不是我们想要的结果。
>
> 本例中所列的邮箱均为虚拟，只作示例用。

▲ "伤及无辜"的查找和替换

配套资源
第 2 章 \ 商品采购明细表 05—原始文件
第 2 章 \ 商品采购明细表 05—最终效果

扫码看视频

STEP1» 打开本实例的原始文件，❶选中 I 列和 J 列的数据，❷按【Ctrl】+【H】组合键，如右图所示。

STEP2» 弹出【查找和替换】对话框，❶在【查找内容】文本框中输入"."，❷在【替换为】文本框中输入"/"，❸单击【全部替换】按钮，弹出提示对话框，提示全部替换完成，❹单击【确定】按钮,如下图所示。

使用查找和替换功能后,I 列和 J 列的日期都变为正确的格式,这样使用数据透视表汇总时,得到的结果才是正确结果(关于数据透视表功能,第 5 章有详细介绍),如下图所示。

🖱 使用通配符批量替换

小刘在整理商品采购明细表时得知,供应商的邮箱都是 QQ 邮箱,但初始记录人员将有些邮箱的后缀输错了,因此需要将该表中邮箱的后缀统一修改。

小刘觉得很简单,进行一次查找和替换操作就行了。于是,小刘直接使用了查找和替换功能,结果却发现不仅后缀变了,有的邮箱号码也发生了变化。

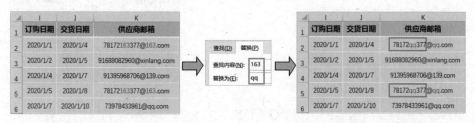

出现这种情况,是因为单纯地替换数字并不能保证只替换后缀,而会将数据区域里的所有"163"都替换为"qq"。那么应该怎么替换呢?加上一个

"@"符号再替换吗？这样当然也可以，但是这一列的邮箱后缀种类颇多，而且不知有多少个，挨个替换太麻烦，不如使用通配符进行模糊匹配方便。

通配符不仅在查找和替换时可以使用，在筛选、函数公式等功能中也同样有用。Excel 中的通配符有 3 种，分别为问号（？）、星号（＊）和波形符号（～），具体介绍如下。

通配符	名称	含义	写法	类型	包含结果
？	问号	任意一个字符	T???1	模糊匹配	Ting1、T是高的1、T0001……
＊	星号	任意数量的任意字符	T*1	模糊匹配	Tim1、T歌1、Th@1……
～	波形符号	由于英文的？和*已经作为通配符代码，当要匹配的内容中存在这两个符号时，前面要先输入波形符号	Ting~?	精确匹配	Ting?

本实例需要替换邮箱后缀中"@"和".com"中间的部分。由于这部分的字符个数不固定，所以查找时使用星号（＊），具体步骤如下。

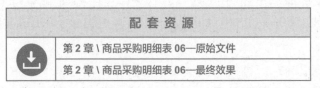

配套资源

第 2 章 \ 商品采购明细表 06—原始文件

第 2 章 \ 商品采购明细表 06—最终效果

扫码看视频

STEP1» 打开本实例的原始文件，选中 K 列的数据，按【Ctrl】+【H】组合键，如右图所示。

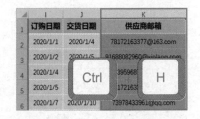

STEP2» 弹出【查找和替换】对话框，❶在【查找内容】文本框中输入"@*.com"，❷在【替换为】文本框中输入"@qq.com"，❸单击【全部替换】按钮，弹出提示对话框，提示全部替换完成，❹单击【确定】按钮，如下页图所示。

替换结果如右图所示，可以看到所有邮箱的后缀，不管有几个字符，都被替换为 QQ 邮箱的后缀。在日常工作中，使用通配符来完成替换的操作可以大大提高工作效率。

2.1.5 被误解的复制粘贴

复制粘贴是 Excel 中的常用操作，但大部分人对复制粘贴的使用仅限于两种，即带格式的粘贴和不带格式的粘贴。前者是将单元格内容与格式（不包括行高和列宽）一起粘贴，后者仅粘贴单元格内容。

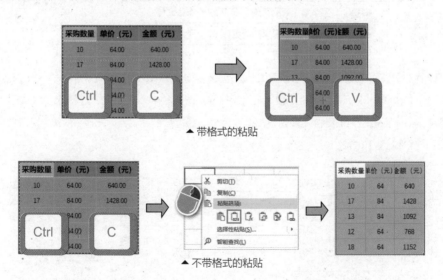

▲ 带格式的粘贴

▲ 不带格式的粘贴

这两种方式使用频率都非常高，但复制粘贴可不是只有这两种方式，还有很多其他粘贴方式可供使用。

转置粘贴

领导让小刘把 7 月商品采购明细数据一块统计合并，小刘觉得只需要复制粘贴一下就行了，但他发现表格中的数据是横向排列的。

▲ 横向排列数据的明细表

要解决这个问题，可使用行列互换粘贴方式，而且还可以在粘贴时选择数值粘贴，最后再统一格式，具体步骤如下。

STEP1» 打开本实例的原始文件，❶单击【7月采购明细表】，❷选中 B1:B11 单元格区域，按【Ctrl】+【Shift】+【→】组合键，❸单击鼠标右键，在弹出的快捷菜单中选择【复制】选项，❹单击【商品采购明细表】，❺选中 A120 单元格，❻单击鼠标右键，在弹出的快捷菜单中选择【选择性粘贴】选项，如下图所示。

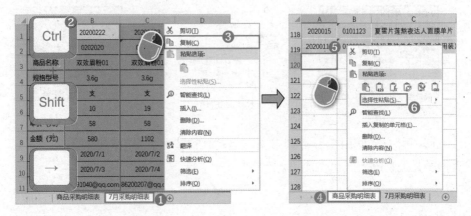

STEP2» 弹出【选择性粘贴】对话框，❶选中【数值】单选钮，❷勾选下方的【转置】复选框，❸单击【确定】按钮，如右图所示。

可以同时选择不同的选项，以达到多种方式粘贴的目的

STEP3» 这样就实现了行列互换粘贴，但因为选择的是数值粘贴，所以还需要和原表统一样式。❶选中 A119:K119 单元格区域，❷切换到【开始】选项卡，❸单击【剪贴板】组中的【格式刷】按钮，如下图所示。

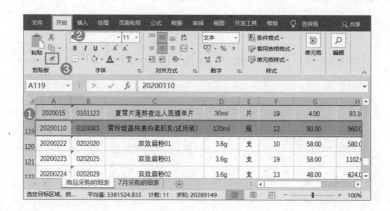

STEP4» 启用格式刷功能后，按住鼠标左键并拖曳鼠标，选中 A120:K135 单元格区域，松开鼠标后该区域的格式就与之前选中的 A119:K119 单元格区域的格式一致了，如下图所示。

🖱 计算粘贴

受外部环境影响，公司下半年的商品采购价格统一提高了 4 元，公司决定削减一成的采购数量，领导让小刘预测下同类产品下半年的采购金额。这个问题乍一看似乎挺复杂，其实用计算粘贴就可以轻松解决，具体步骤如下。

	配 套 资 源
⬇	第 2 章 \ 商品采购明细表 08—原始文件
	第 2 章 \ 商品采购明细表 08—最终效果

扫码看视频

STEP1» 打开本实例的原始文件，❶在 M1:N2 单元格区域制作条件表，注意条件中的差额换算，❷选中 M2 单元格，按【Ctrl】+【C】组合键复制，❸选中 G2 单元格，按【Ctrl】+【Shift】+【↓】组合键选择数据区域，❹单击鼠标右键，在弹出的快捷菜单中选择【选择性粘贴】选项，如下图所示。

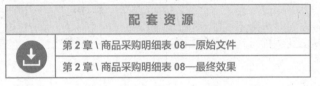

STEP2» 弹出【选择性粘贴】对话框，❶选中【数值】单选钮，❷选中【加】单选钮，❸单击【确定】按钮，如右图所示。

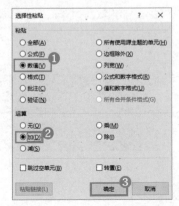

STEP3» ❶选中N2单元格，按【Ctrl】+【C】组合键复制，❷选中F2单元格，按【Ctrl】+【Shift】+
【↓】组合键选择数据区域，❸单击鼠标右键，在弹出的快捷菜单中选择【选择性粘贴】选项，
如下图所示。

STEP4» 弹出【选择性粘贴】对话框，❶选中【数值】单
选钮，❷选中【乘】单选钮，❸单击【确定】按钮，如
右图所示。

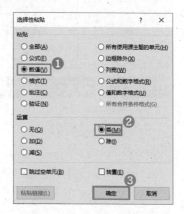

STEP5» 由于是带小数位的乘法运算，通常得到的结果会有小数位，但采购数量应该是整数，所
以需要四舍五入去掉小数位，直接单击【数字】组中的【去掉小数位】按钮即可。

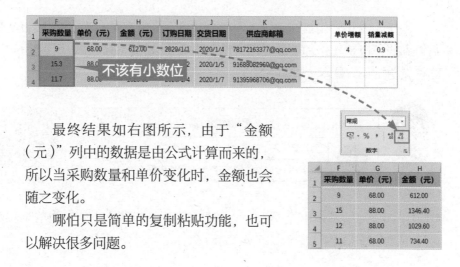

　　　最终结果如右图所示，由于"金额
（元）"列中的数据是由公式计算而来的，
所以当采购数量和单价变化时，金额也会
随之变化。

　　　哪怕只是简单的复制粘贴功能，也可
以解决很多问题。

2.2 填充人工成本分析表

实际上，工作中遇到的问题不一定会有那么多规律可言。公司让小刘分析人工成本，但是拿到手的人工成本分析表却让小刘"崩溃"了。

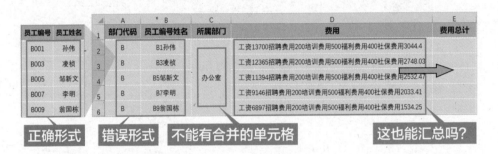

人工成本分析表里首先不能有合并的单元格，这是数据分析的大忌。"员工编号姓名"列包含了部门代码，员工编号应该是 3 位数，且员工编号和姓名应该分成两列。费用信息全在一列，这还能汇总吗？

显然，要解决上述问题，需要综合使用定位、替换、公式填充和快速填充等功能。

2.2.1 一键填充所有空值

先来看合并单元格的问题，取消合并单元格很容易，难点在于取消合并后得到的空白单元格都要填充原来单元格中的数据。这就需要用到定位和公式填充功能了，具体步骤如下。

配套资源
第 2 章 \ 人工成本分析表 01—原始文件
第 2 章 \ 人工成本分析表 01—最终效果

扫码看视频

STEP1》 打开本实例的原始文件，❶选中 C 列数据，❷切换到【开始】选项卡，❸单击【对齐方式】组中的【合并后居中】按钮，如下页图所示。

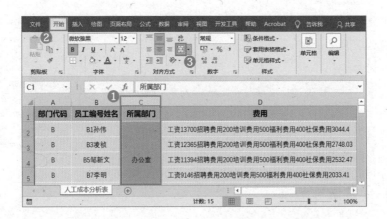

STEP2» 取消合并后，数据自动排列，保持 C 列区域的选中状态，❶按【Ctrl】+【G】组合键，弹出【定位】对话框，❷单击【定位条件】按钮，如下图所示。

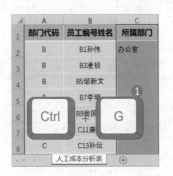

STEP3» 弹出【定位条件】对话框，❶选中【空值】单选钮，❷单击【确定】按钮，定位 C 列中所有的空值，❸在编辑栏中输入"=C2"，❹按【Ctrl】+【Enter】组合键，如下图所示。

填充结果如右图所示，可以看到所有的空白单元格中都填充了正确的部门信息。之所以可以用一个公式进行批量填充，是因为公式"=C2"表示当前单元格（C3 单元格）的值等于其上方单元格的值。由于 C2 是相对引用，当按【Ctrl】+【Enter】组合键填充公式时，所有定位到的空单元格的值都等于其上方单元格的值。

部门代码	员工编号姓名	所属部门
B	B1孙伟	办公室
B	B3凌祯	办公室
B	B5邹新文	办公室
B	B7李明	办公室
B	B9翁国栋	办公室
C	C11康书	成本部
C	C13孙坛	成本部
C	C15张一波	成本部

2.2.2 快速填充数据

用快速填充功能完成数据分列与合并

前面讲过，可以利用特殊符号或者固定宽度进行分列。可实际的表格大多不会这么有规律，那么这样的合并列该怎么处理呢？

其实，Excel 中还有一个好用的功能，那就是快速填充。用它不但可以智能提取字符，而且可以合并两列数据。

本实例既需要提取字段，也需要编辑字段，这些都可以用快速填充功能实现，具体步骤如下。

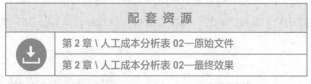

STEP1» 打开本实例的原始文件，❶ 选中 C 列数据，❷ 单击鼠标右键，在弹出的快捷菜单中选择【插入】选项，❸ 在 C1 单元格中输入"员工姓名"，如下图所示。

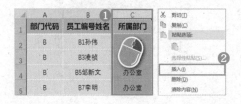

STEP2» ❶在 C2 单元格中输入"孙伟"，❷选中 C3 单元格，❸切换到【开始】选项卡，❹单击【编辑】组中的【填充】按钮，❺在弹出的下拉列表中选择【快速填充】选项。

STEP3» 由于 B 列数据中编号的格式不正确，所以需要重新编辑格式，再和 A 列数据合并。❶选中 B 列数据，❷单击【数字】组中的对话框启动器按钮 🔽，弹出【设置单元格格式】对话框，❸在【分类】列表框中选择【自定义】选项，❹在【类型】文本框中输入"000"，❺单击【确定】按钮，如下图所示。

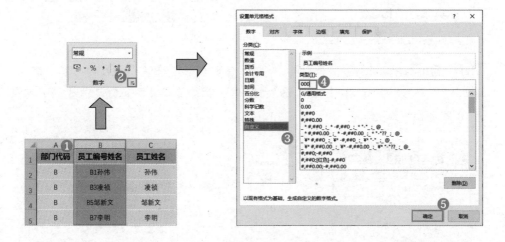

STEP4» ❶在 B2 单元格中输入"001"，将鼠标指针移动到该单元格右下角，当鼠标指针变成十字形状时，按住鼠标左键向下拖曳进行填充，❷单击【编辑】组中的【填充】按钮，❸在弹出的下拉列表中选择【序列】选项，如下页图所示。

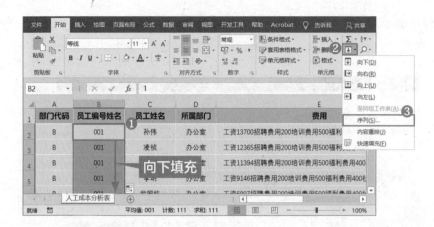

STEP5» 弹出【序列】对话框，❶在【步长值】文本框中输入"2"，其他选项保持不变，❷单击【确定】按钮，❸选中 C 列，单击鼠标右键，❹在弹出的快捷菜单中选择【插入】选项，如下图所示。

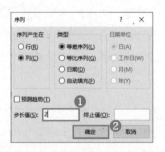

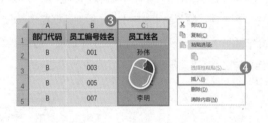

STEP6» ❶在 C1 单元格中输入"员工编号"，在 C2 单元格中输入"B001"，❷选中 C3 单元格，❸单击【编辑】组中的【填充】按钮，❹在弹出的下拉列表中选择【快速填充】选项，最后将A、B 两列删除，如下图所示。

填充结果如右图所示，"员工编号"列和"员工姓名"列都达到了想要的效果，原本看起来复杂且无规律的合并列，使用快速填充功能处理起来就非常轻松了。

用快速填充和替换功能汇总合并列数据

接下来需要将费用列合并。虽然这一列中待合并的字段很多，但使用快速填充功能，挨个拆分就变得很容易了。此问题的重点在于，小刘只需要汇总费用而不需要提取费用明细，那么就没必要拆分这一列，直接汇总数值即可。转换下思路，解决该问题的方法就是将快速填充与查找和替换功能结合使用，具体步骤如下。

配套资源
第 2 章 \ 人工成本分析表 03—原始文件
第 2 章 \ 人工成本分析表 03—最终效果

扫码看视频

STEP1» 打开本实例的原始文件，❶在 E2 单元格中输入"A13700+200+500+400+3044.4"，❷选中 E3 单元格，❸单击【编辑】组中的【填充】按钮，❹在弹出的下拉列表中选择【快速填充】选项，如下图所示。

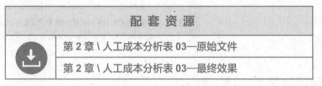

STEP2» 等这列数据区域填充完毕，选中 E 列数据，按【Ctrl】+【H】组合键，如下图所示。

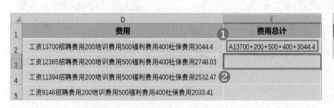

STEP3» 弹出【查找和替换】对话框，❶在【查找内容】文本框中输入"A"，❷在【替换为】文本框中输入"="，❸单击【全部替换】按钮，弹出提示对话框，❹单击【确定】按钮，如下页图所示。

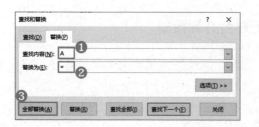

　　最终结果如右图所示，这样在没有拆分 D 列的情况下就完成了数据的汇总。

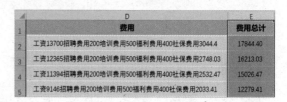

Q 为什么要在前面加个"A"？

A

　　这个"A"只是一个指代字符，目的是方便后面批量替换为"="，因为 Excel 里的公式默认以"="开始，替换后，所有单元格自动完成汇总计算。不能一开始就在 E2 单元格中输入"="，这样会直接求和，无法再对下方区域进行快速填充。

　　指代字符只要不和目标列区域的字符重复即可，可以任意指定。

💬　**本章内容小结**

　　本章主要介绍了从其他途径获取的表格的常见问题，以及解决这些问题的多种技巧。只要掌握了不同技巧，并加以灵活运用，那么所谓的大麻烦不过是些顺手就能解决的小问题罢了。

　　好了，学习完制作表格和整理表格的相关内容后，下面让我们正式进入数据分析领域，先从简单的排序、筛选与汇总开始。

第 3 章

排序、筛选与汇总

- 排序只能是从大到小或者从小到大吗?
- 数据的筛选如何设定条件?
- 利用分类汇总居然也能求和?

数据不能乱,
排序筛选来把关!

3.1 排序费用报销明细表

公司每3个月会整理核对一次报销费用，小刘在查看费用报销明细表时，发现数据顺序是乱的。这样杂乱无章的表格，不仅影响查看效果，也不利于后续的数据分析。因此，调整表格的数据顺序是非常有必要的。

报销日期	员工编号	姓名	所属部门	费用类别	金额（元）	备注
2020/9/5	SL01110	许昭娣	生产部	成本费用		外购燃料
2020/7/6	SL01112	蒋昭东	生产部	成本费用		
2020/9/14	SL01133	韩羽	销售部	成本费用		
2020/7/19	SL01134	佘子鑫	财务部	成本费用	60	直接材料
2020/9/14	SL01135	尤琴	生产部	成本费用	60	直接材料
2020/8/2	SL01146	华琴	人事部	成本费用	200	辅助材料

这么乱，怎么核对？

排序是指按照指定的顺序对数据重新进行排列组织。在 Excel 中，排序分为单条件、多条件和自定义排序。

3.1.1 单条件排序，按关键字排序

单条件排序是指按某一个条件（通常指对某一列数据）进行指定顺序的排列。单条件排序分为数字、文本和特殊格式排序。

数字排序

数字排序是对数值型数据进行排序，除了普遍意义上的数字，日期也是一种数值型数据，所以也能对其进行排序。要核对费用，需要将表中的数据按报销日期进行升序排列。所谓升序排列，就是将数据由小到大进行排列，具体步骤如下。

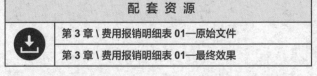

配 套 资 源
第 3 章 \ 费用报销明细表 01—原始文件
第 3 章 \ 费用报销明细表 01—最终效果

扫码看视频

STEP1» 打开本实例的原始文件，选中数据区域中的任意一个单元格，❶切换到【数据】选项卡，❷单击【排序和筛选】组中的【排序】按钮，如下图所示。

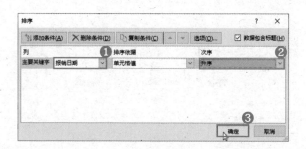

STEP2» 弹出【排序】对话框，❶在【主要关键字】下拉列表中选择【报销日期】选项，❷在【次序】下拉列表中选择【升序】选项，其他选项保持默认设置，❸单击【确定】按钮，如下图所示。

最终结果如下图所示，可以看到所有数据都按报销日期升序排列，排序后的数据更便于处理和分析。

报销日期	员工编号	姓名	所属部门	费用类别	金额（元）	备注
2020/7/1	SL01108	孔敏茹	销售部	销售费用	28	公益扣款
2020/7/3	SL01113	曲俊宇	人事部	管理费用	200	维修费
2020/7/3	SL01		生产部	制造费用	60	折旧费
2020/7/3	SL01		财务部	财务费用	120	手续费
2020/7/4	SL01137	吴苹	人事部	管理费用	400	办公费
2020/7/5	SL01195	吕雪倩	生产部	制造费用	60	折旧费

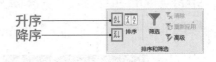

Tips　①如果只需要执行升序或降序操作，可以使用菜单栏里的快捷命令按钮。

②排序默认为按关键字排序所有数据；如果提前选择了数据区域，那么执行排序命令后就会弹出【排序提醒】对话框，提醒用户选择排序数据是所有数据还是选定区域数据。

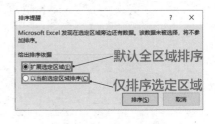

📱 文本排序

除了可以对数字进行排序，对文本类字段也可以进行排序。例如，按照姓名字段进行排序。文本排序的默认规则是按英文字母或汉语拼音顺序进行排列。下图所示为对姓名进行升序排列的过程。

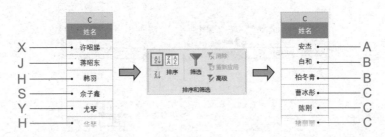

像姓名这样的文本字段，除了可以按默认的汉语拼音排序，还可以按照笔画数的多少来排序。我们可以更改排序的默认规则，使文本排序规则由英文字母变成笔画数，具体步骤如下。

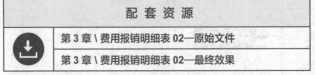

配套资源
第3章\费用报销明细表02—原始文件
第3章\费用报销明细表02—最终效果

扫码看视频

STEP1» 打开本实例的原始文件，选中数据区域中的任意一个单元格，❶切换到【数据】选项卡，❷单击【排序和筛选】组中的【排序】按钮，如下图所示。

STEP2» 弹出【排序】对话框，❶在【主要关键字】下拉列表中选择【姓名】选项，❷在【次序】下拉列表中选择【升序】选项，❸单击【选项】按钮，弹出【排序选项】对话框，❹选中【笔划排序】单选钮，❺单击【确定】按钮，如下图所示。

STEP3» 返回【排序】对话框，单击【确定】按钮，如下图所示。

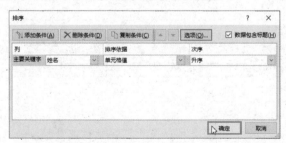

　　下页图所示为按笔画数由少到多排列的结果，这个排列规则仅针对单元格数据的第 1 个文本字符。

姓名	所属部门	费用类别	金额（元）	备注
丁敏	生产部	制造费用	50	折旧费
卫心敏	仓管部	管理费用	160	水电费
卫溶艳	人事部	管理费用	300	电信费
王子彤	生产部	成本费用	800	直接材料
王媛元	技术部	管理费用	300	电信费
尤有菊	生产部	成本费用	50	材料损耗

两笔 —— 三笔 —— 四笔 ——

🖱 特殊格式排序

小刘在整理费用报销明细表时，会习惯性地将金额异常的数据所在的单元格用颜色填充，以便后面做对比分析。可即便是填充了颜色，小刘后续查找这些数据时还是很不方便，能不能将带有填充颜色的单元格排列到前面呢？

当然可以，具体步骤如下。

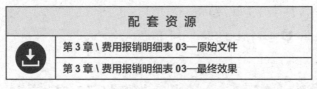

配 套 资 源

第3章\费用报销明细表03—原始文件

第3章\费用报销明细表03—最终效果

扫码看视频

STEP1» 打开本实例的原始文件，选中任意一个单元格，单击【排序】按钮，如右图所示。

STEP2» 弹出【排序】对话框，❶在【主要关键字】下拉列表中选择【金额（元）】选项，❷在【排序依据】下拉列表中选择【单元格颜色】选项，❸在【次序】下拉列表中选择【红色】选项，其他选项保持默认设置不变，❹单击【确定】按钮，如下图所示。

下页图所示为排序结果，可以看到所有填充了红色的单元格都排在了最前面。

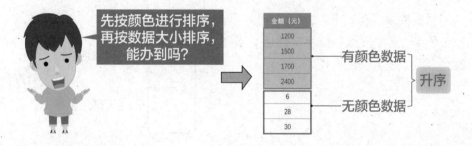

报销日期	员工编号	姓名	所属部门	费用类别	金额（元）	备注
2020/9/8	SL01113	曲江滨	人事部	管理费用	1500	招待费
2020/9/15	SL01137	吴苹	人事部	管理费用	2400	招待费
2020/7/21	SL01185	赵宁	采购部	管理费用	1700	招待费
2020/8/26	SL01151	华影	行政部	管理费用	1200	招待费
2020/9/5	SL01110	许昭娣	生产部	成本费用	800	外购燃料
2020/7/6	SL01112	蒋昭东	生产部	成本费用	30	材料搬运

3.1.2 多条件排序，多个关键词的排序方法

　　小刘通过按颜色进行排序后，将费用报销明细表中填充了颜色的单元格排到了前面。但是，小刘又遇到了一个问题：排序只是把有颜色和无颜色的数据分开了，具体的数据内容并没有排序。小刘还想对这两部分数据进行排序。

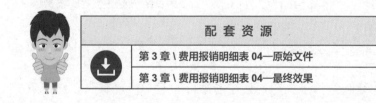

　　用多条件排序就可以解决这个问题，就是设置两个关键词，并且有着主次之分，具体步骤如下。

扫码看视频

STEP1» 打开本实例的原始文件，要想在颜色排序的基础上增加数值排序，添加一个排序条件即可。参考上一小节颜色排序的步骤，先设置好单元格颜色的排序依据。

STEP2» 在【排序】对话框里设置第 2 个排序条件。❶单击【添加条件】按钮，❷在【次要关键字】下拉列表中选择【金额（元）】选项，❸在【排序依据】下拉列表中选择【单元格值】选项，❹在【次序】下拉列表中选择【升序】选项，其他选项保持默认设置不变，❺单击【确定】按钮，如下图所示。

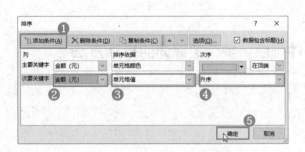

　　两个关键词有着主次之分，所以"金额（元）"列先按颜色排序，然后对不同颜色区域中的数据进行排序。

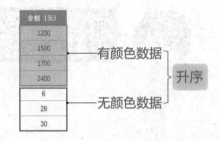

Tips

　　①要想删除添加的条件，可以单击【删除条件】按钮，条件按照自下向上的顺序依次被删除；也可以选中其中某个条件，按【Delete】键将其删除。

　　②单击【复制条件】按钮，会在选中行的下一行复制出一样的条件。排序不允许出现重复条件，若设置了重复的条件，单击【确定】按钮后会弹出黄色警告栏，提示重新设置条件。

　　③默认情况下是勾选【数据包含标题】复选框的，如果取消勾选，那么关键字下拉列表中的选项就会变成列，并且标题行也会参与排序，所以一般不需要取消勾选该复选框。

3.1.3　自定义排序，排序不止升降序

　　小刘新接到领导的任务，要按指定的费用类别顺序来排列数据。小刘一听便知道这要用多条件排序，可设置条件时他又犯了难。文本排序能按英文字母或笔画对文本进行升降序排列，可这指定顺序该怎么设置呢？

　　其实排序并不只有升序和降序两种，【次序】下拉列表中还有一个【自定义序列】选项，可用于将数据按照设置的顺序进行排列，具体步骤如下。

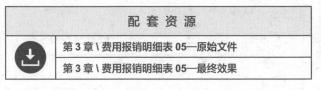

扫码看视频

配 套 资 源
第 3 章 \ 费用报销明细表 05—原始文件
第 3 章 \ 费用报销明细表 05—最终效果

STEP1» 打开本实例的原始文件，根据前面介绍的步骤，调出【排序】对话框。

STEP2» ❶在【主要关键字】下拉列表中选择【费用类别】选项，❷在【排序依据】下拉列表中选择【单元格值】选项，❸在【次序】下拉列表中选择【自定义序列】选项，如下页图所示。

STEP3» 弹出【自定义序列】对话框，❶在【自定义序列】列表框中选择【新序列】选项，❷在【输入序列】列表框中输入指定顺序的文本，按【Enter】键换行，❸单击【确定】按钮，如右图所示。

STEP4» 回到【排序】对话框，❶单击【添加条件】按钮，❷在【次要关键字】下拉列表中选择【金额（元）】选项，❸在【排序依据】下拉列表中选择【单元格值】选项，❹在【次序】下拉列表中选择【升序】选项，其他选项保持默认设置不变，❺单击【确定】按钮，如下图所示。

　　最终得到的结果如下页图所示，这种按指定次序进行排序的方式在实际工作中实用性很强。

报销日期	员工编号	姓名	所属部门	费用类别	金额（元）	备注
2020/8/5	SL01128	张子其	财务部	财务费用	110	手续费
2020/7/4	SL01124	秦红态	财务部	财务费用	120	手续费
2020/9/22	SL01172	秦莉莎	财务部	财务费用	150	手续费
2020/5/13	SL01124	秦红态	财务部	财务费用	180	手续费
2020/5/13	SL01124	秦红态	财务部	财务费用	250	手续费
2020/7/1	SL01108	孔敏茹	销售部	销售费用	28	公益扣款
2020/9/3	SL01108	孔敏茹	销售部	销售费用	38	信用卡(服务费)

自定义排序

3.2　筛选绩效考核明细表

公司最近要调整人员结构，需要小刘根据绩效考核成绩整理相应的数据。

Q 按条件提取数据，能用排序吗？

A

提取数据，对应的是筛选功能。同排序一样，筛选也是 Excel 中的高频操作之一。

排序是规范化整体数据，按条件重新整理数据；筛选是对部分数据的直接提取，将暂时不要的数据过滤掉，只保留满足条件的数据。

筛选可分为简单筛选和高级筛选。简单筛选只针对同类条件，例如数字、文本等，并且是在原表上操作；高级筛选可能涉及多类条件，而且需要提前设置好条件表。

3.2.1　简单筛选，找准规则是关键

筛选的关键在于条件的定义。如果筛选条件是具体的数据，那么直接在弹出的筛选下拉列表里选择条目即可；如果筛选条件需要用表达式定义，那么就需要使用专门的数字、文本筛选列表。

一般筛选

　　筛选的初始操作跟排序类似：先选择数据表中的任意一个单元格，然后单击【排序和筛选】组中的【筛选】按钮。表头标题行每个单元格右下角会出现下拉按钮 ，单击下拉按钮就会弹出筛选下拉列表。

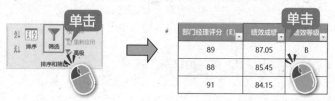

　　直接在搜索文本框中输入关键词，或者直接勾选数据列里的复选框即可设置筛选条件，一般筛选适用于条件关键词不多的情况。

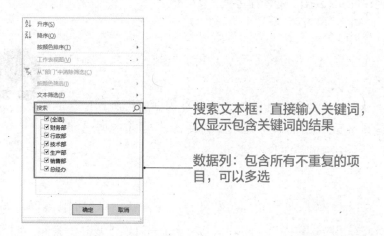

搜索文本框：直接输入关键词，仅显示包含关键词的结果

数据列：包含所有不重复的项目，可以多选

　　筛选后只显示符合条件的数据，并且会自动对齐数据。数据的原始行号不会发生变化，但颜色会变成蓝色以示区别。

	A	B	C
1	员工编号	姓名	部门
28	SL00027	孔应才	销售部
59	SL00058		
94	SL00093	褚宗莉	生产部

蓝色行号

　　还有一种快捷筛选操作：选中某个单元格，单击鼠标右键，在弹出的快捷菜单中选择【筛选】选项，在弹出的级联菜单中选择条件项。
　　这种筛选方式是以选定单元格为筛选依据，并且不需要调出筛选下拉按钮，直接操作即可。

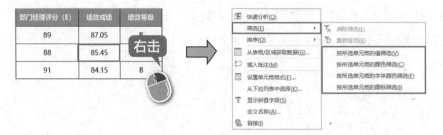

数字筛选

这个月公司发放绩效奖金，小刘需要筛选绩效成绩在 80 分及以上的员工数据。这里数字的筛选条件为">=80"，这样的表达式无法通过一般筛选来完成，因此需要专业的数字筛选项，具体步骤如下。

配套资源
第 3 章 \ 绩效考核明细表 01—原始文件
第 3 章 \ 绩效考核明细表 01—最终效果

扫码看视频

STEP1» 打开本实例的原始文件，选中数据区域中的任意一个单元格，❶切换到【数据】选项卡，❷单击【排序和筛选】组中的【筛选】按钮，❸单击 I1 单元格右下角的下拉按钮 ，❹在弹出的下拉列表中选择【数字筛选】选项，❺在弹出的级联菜单中选择【大于或等于】选项，如下图所示。

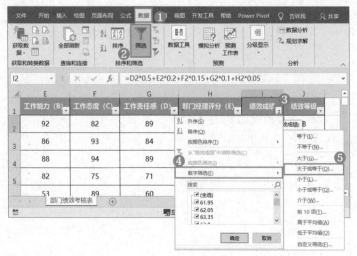

STEP2» 弹出【自定义自动筛选方式】对话框，❶在【大于或等于】右侧的文本框中输入数字 "80"，❷单击【确定】按钮，即可得到筛选结果。

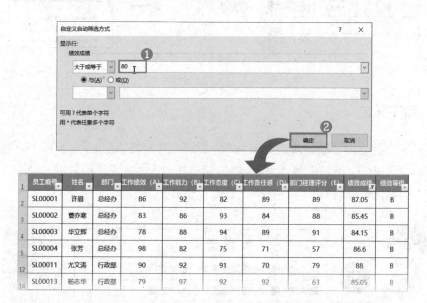

　　在【自定义自动筛选方式】对话框中，可以对同一类关键词设置两项条件，中间用"与"或者"或"连接。"与"代表筛选同时满足两个条件的数据；"或"代表筛选满足其中任意一个条件的数据。

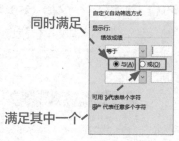

Tips

　　日期筛选也有自己独有的筛选下拉列表。此外，日期的可选择条件更多，可以按天、周、月、季度或年度进行筛选。

Q 筛选后的数据会改变原数据表内容吗?

A

　　并不会,因为筛选功能只是把符合条件的数据显示出来,并将其他数据暂时隐藏,只要取消筛选就会重新显示原数据。

　　取消筛选有两种方式:一种是单击菜单栏中处于选中状态的【筛选】按钮;另一种是在【筛选】下拉列表中选择筛选选项后,再次打开该下拉列表,选择【从"×××"中清除筛选】选项。

单击可进行筛选或取消筛选

🖱 文本筛选

　　对于绩效考核明细表而言,除了绩效成绩外,一般还会加上对应的绩效等级,例如,"A""B""C""D""E"绩效等级,对应规则如下:

　　绩效成绩">=90",等级为"A";

　　绩效成绩">=80,<90",等级为"B";

　　绩效成绩">=70,<80",等级为"C";

　　绩效成绩">=60,<70",等级为"D";

　　绩效成绩"<60",等级为"E"。

　　小刘想要筛选 80 分以上的人,也就是筛选绩效等级为 A 和 B 的数据。这属于文本筛选内容,而且涉及双条件设置,具体步骤如下。

配 套 资 源	
⬇	第 3 章 \ 绩效考核明细表 02—原始文件
	第 3 章 \ 绩效考核明细表 02—最终效果

扫码看视频

STEP1» 打开本实例的原始文件，调出筛选下拉按钮，❶单击"绩效等级"列的下拉按钮 ，
❷在弹出的下拉列表中选择【文本筛选】选项，❸在其级联菜单中选择【等于】选项，如下图
所示。

STEP2» 弹出【自定义自动筛选方式】对话框，❶在第 1 个条件【等于】右侧的文本框中输入
"A"，❷选中【或】单选钮，❸在第 2 个条件的下拉列表中选择【等于】选项，❹在【等于】
右侧的文本框中输入 "B"，❺单击【确定】按钮，即可得到筛选结果，如下图所示。

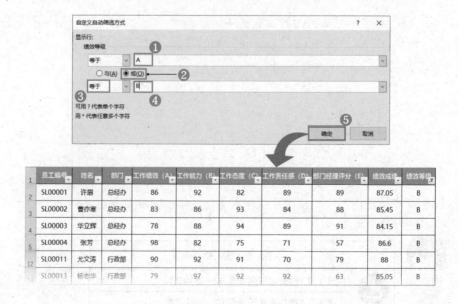

3.2.2 高级筛选，条件再多也不愁

小刘最近又碰到了麻烦，公司调整人员结构，要裁掉一批人，领导要求小刘筛选人员名单。筛选的条件是绩效成绩低于 60 分，其中销售部人员单项工作绩效成绩低于 60 分，生产部人员单项工作责任感评分低于 70 分。

简单筛选最多只能设置两个条件，筛选条件超过两个时该怎么做？

当筛选条件超过两个时，简单筛选就无法满足需求了。这时需要使用高级筛选，这是专门用于实现复杂条件筛选的功能。

🖱 制作高级筛选条件表

因为筛选条件较多，所以进行高级筛选前，先要设置好条件表，高级筛选以该条件表为依据进行。小刘的筛选条件涉及的列字段有 4 个，分别为"部门""工作绩效""工作责任感""绩效成绩"；行字段分别为"所有部门""销售部""生产部"及相应的各项分数要求。实际做表时，条件表中的字段名称必须与原始表字段名称一样，具体步骤如下。

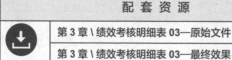

配 套 资 源
第 3 章 \ 绩效考核明细表 03—原始文件
第 3 章 \ 绩效考核明细表 03—最终效果

扫码看视频

STEP1» 打开本实例的原始文件，❶新建一个工作表，重命名为"高级筛选条件表"，该表用于设置条件，❷全选工作表，将行高修改为【24】，列宽修改为【14】，❸将对齐方式调整为【垂直居中】和【居中】，如下页图所示。

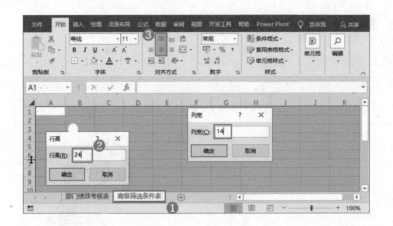

STEP2» 输入条件字段，注意标题字段必须与部门绩效考核表的标题字段一致，如右图所示。条件表并不用于展示，所以不需要美化，保持和原始表一样的格式即可。

STEP3» ❶单击【部门绩效考核表】标签，❷选中 A1:D4 单元格区域，❸切换到【开始】选项卡，❹单击【剪贴板】组中的【格式刷】按钮，❺单击【高级筛选条件表】标签，❻选中 A1:D4 单元格区域，即可应用格式，如下图所示。

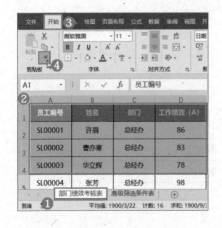

　　条件表是高级筛选的基础，工作需求只有转换成对应的条件，才能正确地完成后续的操作。本实例的条件及其含义如下图所示。

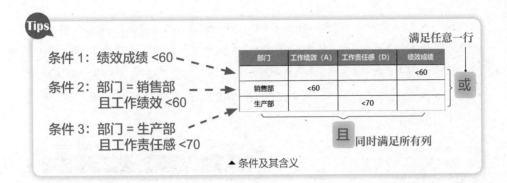
▲ 条件及其含义

高级筛选

有了条件表，我们就可以进行高级筛选了。高级筛选可以把筛选结果直接复制到其他工作表中，和原始表区分开，这是简单筛选所不能实现的。高级筛选的具体步骤如下。

配 套 资 源
第 3 章 \ 绩效考核明细表 04—原始文件
第 3 章 \ 绩效考核明细表 04—最终效果

扫码看视频

STEP1» 打开本实例的原始文件，❶新建工作表，重命名为"高级筛选结果表"，❷切换到【数据】选项卡，❸单击【排序和筛选】组中的【高级】按钮。

STEP2» 弹出【高级筛选】对话框，❶选中【将筛选结果复制到其他位置】单选钮；❷将光标定位到【列表区域】文本框中，单击【部门绩效考核表】标签，选择 A 列到 J 列；❸将光标定位到【条件区域】文本框中，单击【高级筛选条件表】标签，选择 A1:D4 单元格区域；❹将光标定位到【复制到】文本框中，单击【高级筛选结果表】标签，选择A1单元格；❺单击【确定】按钮，如下图所示。

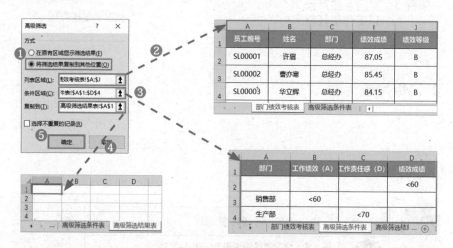

STEP3» 筛选的结果如下图所示，粘贴时会自动套用原数据表的格式，但行高和列宽仍然需要手动修改。观察结果可以发现，高级筛选功能实现了所设定的筛选条件。

员工编号	姓名	部门	工作绩效（A）	工作能力（B）	工作态度（C）	工作责任感（D）	部门经理评分（E）	绩效成绩	绩效等级
SL00022	姜明诚	销售部	54	85	77	92	65	68	D
SL00040	华正启	技术部	57	64	67	52	55	59.3	E
SL00043	尤大春	技术部	52	79	54	62	70	59.6	E
SL00056	尤宗普	生产部	70	73	63	59	92	69.55	D
SL00059	魏弘文	生产部	70	80	72	67	76	72.3	C
SL00065	金玫	生产部	93	83	77	57	64	83.55	B

高级筛选注意事项。

①如果选中【在原有区域显示筛选结果】单选钮，那么跟简单筛选一样，结果会在原始表上显示，但是会自动关闭筛选器，无法强制开启。

②对于【高级筛选】对话框中的 3 个参数的设置，建议直接用鼠标选择区域，这样参数对应的文本框中会自动添加工作表名且使用绝对引用方式；如果手动输入，则必须按照相同的格式输入。

③高级筛选也可用于去除重复值，只需要在对话框里勾选【选择不重复的记录】复选框即可。

Q 为什么有时高级筛选结果无法复制到其他工作表中？

A

如果在【高级筛选】对话框中单击【确定】按钮后，弹出右图所示的警告窗口，说明筛选结果只能复制到当前工作表中，也就是说【复制到】文本框中所设定的区域只能是当前工作表中的区域，如果选择的是其他工作表中的区域，就会弹出上方的警告窗口。

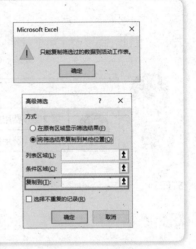

3.3　分类汇总费用报销明细表

在处理包含费用的表格时，经常会碰到汇总金额的需求。领导要小刘汇总费用报销明细表中的数据，要求按部门和费用类别汇总。

汇总？不是得用函数吗？数据透视表也能汇总数据，要做汇总表吗？好麻烦呀！

3.3.1 创建分类汇总，求和结果自动显示

如果只是简单的字段汇总，使用 Excel 自带的分类汇总功能就可以快速自动完成。

单项分类汇总

先对部门这一单项字段进行汇总，分类汇总功能虽然能识别字段但不能排序。因此，汇总前需要对字段进行排序，具体步骤如下。

配 套 资 源
第 3 章 \ 费用报销明细表 06—原始文件
第 3 章 \ 费用报销明细表 06—最终效果

扫码看视频

STEP1» 打开本实例的原始文件，对"所属部门"列中的数据进行升序排列，如下图所示。

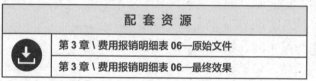

当我们想进行下一步时，发现【分类汇总】按钮是灰色的，无法使用，这是为什么呢？

经过检查，发现表格套用了表格样式，这样的表格无法使用分类汇总功能。因此，遇到这样的情况时，要先将表格转换为普通区域。

STEP2» 选中数据区域中的任意一个单元格，❶切换到【设计】选项卡，❷单击【工具】组中的【转换为区域】按钮，即可完成转换。

STEP3» 进行分类汇总操作。选中数据区域中的任意一个单元格，❶切换到【数据】选项卡，❷单击【分级显示】组中的【分类汇总】按钮，如下图所示。

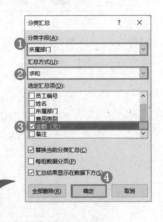

STEP4» 弹出【分类汇总】对话框，❶在【分类字段】下拉列表中选择【所属部门】选项，❷在【汇总方式】下拉列表中选择【求和】选项，❸在【选定汇总项】列表框中勾选【金额（元）】复选框，其他选项保持默认设置，❹单击【确定】按钮，即可得到分类汇总结果。

如果想删除分类汇总结果，打开【分类汇总】对话框，单击左下角的【全部删除】按钮即可。

勾选【每组数据分页】复选框，可以按照分类汇总结果分页打印。

多项分类汇总

除了对部门进行汇总，领导还要求对费用类别进行汇总。这看起来只是增加了一项内容，但实际上由于前面只对部门进行了排序，因此费用类别依然是混乱的。

如果在单项分类汇总后再进行排序，会自动取消分类汇总的结果显示。因此，涉及多项分类汇总时，需要提前将所有字段对应的数据排好序，具体步骤如下。

配套资源
第 3 章 \ 费用报销明细表 07—原始文件
第 3 章 \ 费用报销明细表 07—最终效果

扫码看视频

STEP1» 打开本实例的原始文件，对数据表进行多条件排序，将【所属部门】和【费用类别】都设置为【升序】，如下图所示。

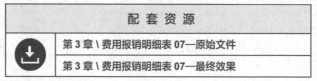

STEP2» 进行分类汇总操作。单击【分类汇总】按钮，跟前面不同的是，这里需要进行两次设置。第 1 次跟单项分类汇总的设置一样；第 2 次将【分类字段】设置为【费用类别】，取消勾选【替换当前分类汇总】复选框，其他选项保持默认设置不变。设置完成后，就完成了部门和费用类别的金额汇总，如下图和下页图所示。

报销日期	员工编号	姓名	所属部门	费用类别
2020/7/4	SL01124	秦红态	财务部	财务费用
2020/7/20	SL01172	秦莉莎	财务部	财务费用
2020/8/5	SL01128	张子其	财务部	财务费用
2020/8/11	SL01124	秦红态	财务部	财务费用
2020/8/26	SL01154	孙强	财务部	财务费用

设置两次

▲ 第 1 次分类汇总　　　　　　　　　　　▲ 第 2 次分类汇总

1 2 3 4		A	B	C	D	E	F	G
	1	报销日期	员工编号	姓名	所属部门	费用类别	金额（元）	备注
	2	2020/7/4	SL01124	秦红恋	财务部	财务费用	120	手续费
	8	2020/9/22	SL01172	秦莉莎	财务部	财务费用	150	手续费
	9					财务费用 汇总	1570	
	10	2020/7/19	SL01134	佘子鑫	财务部	成本费用	60	直接材料
	11					成本费用 汇总	60	
	12					财务部 汇总	1630	
	13	2020/7/20	SL01150	魏本霞	采购部	管理费用	500	差旅费

▲ 多项分类汇总结果

3.3.2　显示或隐藏明细数据，分级查看更实用

　　分类汇总是在行里插入一个汇总条目，虽然整体看上去井然有序，但既然做了汇总，就说明我们主要需要查看汇总数据。所以，隐藏明细数据，对分级查看汇总数据是很有必要的。

🖱 显示或隐藏部分数据

　　由于汇总是按不同字段求和，表格就按这些字段被划分成不同的部分，每一部分的明细数据都可以自由地隐藏或显示，方法有两种：

　　第 1 种，选中想要隐藏的区域内任意一个单元格，单击【分级显示】组中的【隐藏明细数据】按钮，即可隐藏该部分的明细数据；

　　第 2 种，在数据表左侧每一个汇总行都有对应的【 - 】按钮，单击该按钮，即可自下而上隐藏明细数据，同时【 - 】按钮变为【 + 】按钮。

报销日期	员工编号	姓名	所属部门	费用类别	金额（元）	备注
2020/7/4	SL01124	秦红态	财务部	财务费用	120	手续费
2020/7/20	SL011			费用	500	手续费
2020/9/22	SL011			费用	150	手续费
				财务费用 汇总	1570	
2020/7/19	SL01134	佘子鑫	财务部	成本费用	60	直接材料
				成本费用 汇总	60	
			财务部 汇总			
2020/7/20	SL01150	魏本霞	采购部	管理费用		

选中任意一个单元格

第1种

第2种

组合　取消组合　分类汇总　　显示明细数据　隐藏明细数据

分级显示

报销日期	员工编号	姓名	所属部门	费用类别	金额（元）	备注
				财务费用 汇总	1570	
2020/7/19	SL01134	佘子鑫	财务部	成本费用	60	直接材料
				成本费用 汇总	60	
			财务部 汇总		1630	
2020/7/20	SL01150	魏本霞	采购部	管理费用	500	差旅费

　　如果想重新显示数据，单击【显示明细数据】按钮，或者单击左侧的【+】
按钮即可。隐藏或显示部分数据有助于我们重点分析某个字段。

显示或隐藏全部数据

　　分类汇总得到的表格，其左上角会有类似"1""2""3""4"的数字标识。
这些标识代表的是不同级别的显示方式。因为这里我们完成的是两个字段的
分类汇总，所以"4"代表四级明细数据。

　　用鼠标分别单击"1""2""3"，会依次出现"一级汇总""二级汇总""三
级汇总"方式，后一级的汇总项会叠加前一级的汇总项。这3种显示方式都
能隐藏明细数据，可根据不同的汇总需求来选择。

	A	B	C	D	E	F	G
	报销日期	员工编号	姓名	所属部门	费用类别	金额（元）	备注
	2020/7/4	SL01124	秦红态	财务部	财务费用	120	手续费
					财务费用 汇总	1570	
	2020/7/19	SL01134	佘子鑫	财务部	成本费用	60	直接材料
					成本费用 汇总	60	
				财务部 汇总		1630	

▲ 四级明细数据

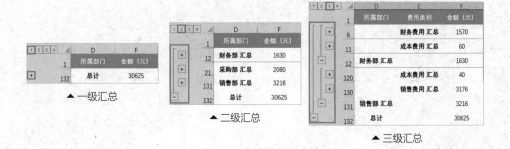

▲ 一级汇总 ▲ 二级汇总 ▲ 三级汇总

分类汇总不仅能求和，基本的统计和数学计算（如计数、求平均值、求方差等）也都能完成。分类汇总适用范围广，快捷方便。

分类汇总的局限性也很明显，其对数据的规范性要求很高，只能依赖固有字段进行分类，灵活性差。在实际工作中，分类汇总功能仅用于实现一些简单的需求，复杂的汇总还是要靠数据透视表或者函数来完成。

💬 **本章内容小结**

本章详细介绍了 Excel 中的排序功能、筛选功能和分类汇总功能，熟练使用这些功能是处理数据必备的技能。然而，工作中的数据分析需求复杂多变，仅靠这些基础功能是不够的。要完成数据分析工作，还需要掌握必要的数据分析方法和工具的使用。下一章将为大家介绍 Excel 中常用的数据分析方法和对应的工具。

第 4 章

数据分析方法与工具

- 常用的数据分析方法有哪些?
- 常用的数据分析工具有哪些?

学好理论,
才能更好地实践。

制作表格很多时候是为了分析数据，因此想要真正学好 Excel，就一定要深入研究与 Excel 有关的数据分析方法和工具。

4.1 数据分析方法

数据分析方法的数量和种类非常多，本书将从实际案例出发，列举常用的数据分析方法，这些数据分析方法在后面的章节中会用到。

4.1.1 对比分析法

对事物做出客观判断是数据分析的主要目的，判断的主要方法之一便是对事物进行对比，有对比才能发现数据之间的差异，发现表现优秀的数据或项目，找到呈下滑趋势或不符合标准的数据。

例如，右图是"产品月度销售额汇总表"，通过对比，可以直观地看出每种产品上半年每个月销售额的情况。

	1月（万）	2月（万）	3月（万）	4月（万）	5月（万）	6月（万）
沐浴露	55	59	31	36	75	72
洗发水	24	22	44	75	37	28
洗手液	33	37	40	49	55	46

▲ 产品月度销售额汇总表

但是，若论数据呈现效果，还得用图表，尤其是柱形图，柱形图也是进行对比分析时使用频率较高的图表类型。将上述表格制作成柱形图，数据对比效果更加突出。

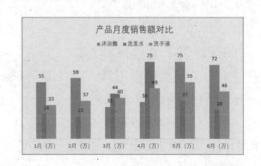

4.1.2 结构分析法

结构分析又称"比重分析"。结构分析是计算某项指标各个组成部分占总体的比重，分析其内容和构成，从而掌握事物的特点和变化趋势的分析方法。

例如，人力资源分析中常见的人员结构分析，通常就是从性别、学历和年龄 3 个层面解构不同要素在总体中的比重。通常会先使用函数或数据透视表汇总出相应的数据，然后根据实际需要决定是否制作图表进行展示。

生产部	性别			学历				年龄			
日期	男	女	合计	大学本科	大专以下	大学专科	硕士研究生	30以下	30~40	40~50	50以上
1月	2	0	2	0	1	1	0	0	1	0	1
2月	2	0	2	1	1	0	0	1	0	1	0
3月	3	1	4	1	1	2	0	0	3	1	0
4月	2	2	4	1	2	1	0	1	1	2	0
5月	9	6	15	3	8	4	0	1	11	2	1
6月	10	9	19	3	9	7	0	2	9	6	2
汇总	28	18	46	9	22	15	0	5	25	12	4

4.1.3 趋势分析法

可通过图表来展示数据变化趋势，进而分析事物的变化规律并进行预测。折线图是常见的趋势图表，其通过上下起伏的线条直观地展示出数据的变化趋势，如右图所示。

除此之外，高级分析工具库中有一个指数平滑工具，其属于时间序列趋势预测类工具，用于中短期经济发展趋势的预测。其原理是任意一期的指数平滑值都是本期实际观察值与前一期指数平滑值的加权平均。在后面的章节中，将具体讲解其用于生产过程中的经济预测的情形，如右图所示。

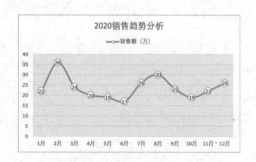

4.1.4 漏斗图分析法

漏斗图分析基于流程式的数据分析思路，能够科学、全面、流程化地反映对象从开始到结束各阶段的状态，通过比较各状态，找到问题产生的阶段，制定具有针对性的改进措施。该分析方法常用于电商分析中的成交转化分析，如右图所示，这是某个电商商品各阶段数据转化量，从最初的浏览量到最后的成交数量，可以明显看到有两个阶段的数据下降异常，因此有必要对这两个阶段做进一步的深入分析。

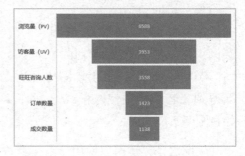

4.1.5 方差分析法

方差分析是将所获得的数据按某些条件分类后，再分析各组数据之间有无差异的方法。例如，公司对市场部员工进行月度考核，从 3 个方面进行评分。评分结果出来后，需要对每位员工的 3 项评分是否存在显著性差异进行分析，这时就需要用到方差分析法，如下图所示。

	A	B	C	D	E
1	部门	员工姓名	出勤得分	课堂评分	测试得分
2	市场部	王强	65	71	66
3	市场部	金成坤	88	50	88
4	市场部	蒋涵菡	91	78	92
5	市场部	吴雁	96	81	92
6	市场部	张雁	72	72	71

方差分析: 单因素方差分析

SUMMARY

组	观测数	求和	平均	方差
王强	3	202	67.3333333	10.3333333
金成坤	3	226	75.3333333	481.333333
蒋涵菡	3	261	87	61
吴雁	3	269	89.6666667	60.3333333
张雁	3	215	71.6666667	0.33333333
沈婷	3	244	81.3333333	74.3333333
金蓉	3	281	93.6666667	26.3333333
郑朝海	3	263	87.6666667	4.33333333
周代云	3	181	60.3333333	42.3333333
彭文彪	3	205	68.3333333	241.333333

方差分析

差异源	SS	df	MS	F	P-value	F crit
组间	3399.36667	9	377.707407	3.769535	0.00644969	2.39281411
组内	2004	20	100.2			
总计	5403.36667	29				

4.1.6 相关分析法

相关分析是研究两个或两个以上处于同等地位的随机变量间的相关关系的分析方法。例如，人的身高和体重之间、空气中的相对湿度与降雨量之间的相关关系都是相关分析研究的内容。后面章节会讲解有关销售额与广告费之间相关性的实例，可以根据数据制作散点图，然后添加趋势辅助线，从而得到二者的相关性方程式，如右图所示。

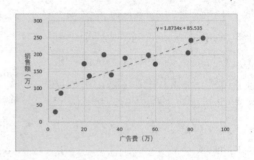

除此之外，还可以使用分析工具库中的相关系数工具。该工具通过计算两个变量之间的离散程度，来确定变量之间存在何种关系，有正相关、负相关和不相关 3 种情况，相关分析结果如下图所示。

月份	月销售额（万元）	广告投入（万元）	成本费用（万元）	管理费用（万元）
1月	10.25	4.68	2	0.8
2月	12.25	5.01	2.54	0.94
3月	15.4	6.12	2.96	0.88
4月	17.45	6.78	3.02	0.7
5月	19.7	7.71	3.14	0.84
6月	22.25	8.64	4	0.86

	月销售额（万元）	广告投入（万元）	成本费用（万元）	管理费用（万元）
月销售额（万元）	1			
广告投入（万元）	0.995705973	1		
成本费用（万元）	0.95596103	0.945477229	1	
管理费用（万元）	-0.131963348	-0.140746806	0.031260623	1

▲ 相关分析结果

通过以上结果可以看出，该公司的月销售额与广告投入的相关系数为 0.995705973，接近于 1，属于高度正相关。成本费用与月销售额及广告投入的相关系数分别为 0.95596103、0.945477229，也接近于 1，属于高度正相关。而管理费用与月销售额、广告投入及成本费用的相关系数都接近于 0，说明管理费用与三者的相关性不大，即不相关。

4.2 数据分析工具

知道怎么运用分析方法是一回事，学会使用分析方法的相关工具则是另一回事。在这些工具中，有的可以快速汇总，有的可以展示效果，还有的可以进行高级数据分析。工具本身没有优劣之分，只有适用的场合不同。

4.2.1 数据透视表

数据透视表是一种交互式的表，用它可以进行某些计算（如求和与计数等），还可以动态地改变表格的版面布置，以便按照不同方式分析数据。每一次改变版面布置时，数据透视表会立即按照新的布置重新计算数据。另外，如果原始数据发生更改，则数据透视表也会自动更新。

求和项:订单金额(元)	列标签						
	⊞1月	⊞2月	⊞3月	⊞4月	⊞5月	⊞6月	总计
行标签							
沐浴露（清爽）	10075	3600	10025	12000	8025	6100	49825
沐浴露（抑菌）	9228	13668	14292	16368	22092	15540	91188
沐浴露（滋润）	4968	4986	6030	8514	7812	7056	39366
洗发水（去屑）	29944	35454	42788	51642	51376	42712	253916
洗发水（柔顺）	9315	8370	10110	12525	16230	9150	65700
洗发水（滋养）	15918	15897	22071	21609	27993	20601	124089
洗手液（免洗）	9329	12483	11229	14193	16834	8835	72903
洗手液（泡沫）	1620					5535	7155
洗手液（普通）	22175	24925	28825	34400	35625	32250	178200
总计	112572	119383	145370	171251	185987	147779	882342

数据透视表的一大特色是可以插入切片器，从而通过选择不同的字段项来实现对数据的筛选。切片器不仅操作简单快捷，视觉效果也非常美观大方，是数据透视表的好搭档，如右图所示。

4.2.2 图表

在视觉表现方面，图表是 Excel 中当之无愧的"王者"。制作图表，是经常使用 Excel 的职场人必须掌握的技能。前面在讲分析方法时，几乎每种分析方法的结果都有对应的图表进行展示。Excel 中图表的种类很多，几种常见的如下图所示。

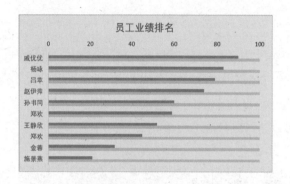

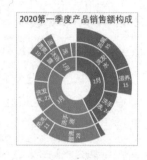

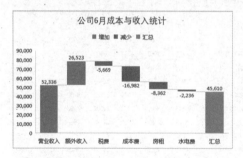

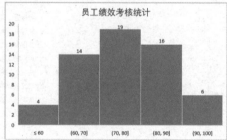

4.2.3 函数与公式

一般而言，自己制作或拿到手的表格是明细表，里面的数据按字段条目分行依次排列。但是，在处理数据并进行分析的时候往往不能使用这样的明细表，得将其中的数据汇总出来制作成汇总表。汇总表一般有两种制作方法：一是使用数据透视表，二是使用函数与公式。虽然数据透视表在汇总数据方面更快捷，但毕竟它能做的计算非常有限，涉及复杂、精细的汇总时，就需要函数和公式"出马"了。

下页图所示为后续章节中出现的常用函数。

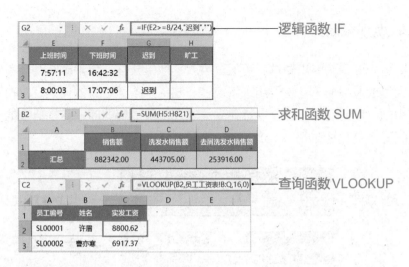

逻辑函数 IF

求和函数 SUM

查询函数 VLOOKUP

4.2.4 模拟运算表

模拟运算表适用于预测将某个计算公式中一个或多个变量替换成不同值时的结果。模拟运算表分为单变量和双变量两种类型。

单变量模拟分析研究的是一个变量的不同值对结果的影响。

例如，销售分析中经常会有预测利润的情况，求不同销量下净利润的值，这就是单变量模拟分析，如右图所示。

销量（件）	平均单价（元）	平均成本（元）	销售费用（元）	净利润（元）
400	¥120.00	¥75.00	¥7,500.00	¥10,500.00
	¥10,500.00			
500	¥15,000.00			
700	¥24,000.00			
900	¥33,000.00			
1000	¥37,500.00			

双变量模拟分析研究的是两个变量的不同值对结果的影响。

现实中销量增加的时候一般是低价促销的时候，此时求销量和价格同时改变时净利润的值，就可用双变量模拟分析，如右图所示。

销量（件）	平均单价（元）	平均成本（元）	销售费用（元）	净利润（元）
400	¥120.00	¥75.00	¥7,500.00	¥10,500.00
¥10,500.00	¥115.00	¥110.00	¥105.00	¥100.00
500	¥12,500.00	¥10,000.00	¥7,500.00	¥5,000.00
700	¥20,500.00	¥17,000.00	¥13,500.00	¥10,000.00
900	¥28,500.00	¥24,000.00	¥19,500.00	¥15,000.00
1000	¥32,500.00	¥27,500.00	¥22,500.00	¥17,500.00

4.2.5 规划求解

　　简单来说，使用规划求解可通过更改其他单元格的值来确定某个单元格的最大值或最小值。它主要用来解决在一定约束条件下，如何让资源得到最优利用的问题。例如，生产中常遇到的求产量最优解的问题就是典型的规划求解问题，如下图所示。

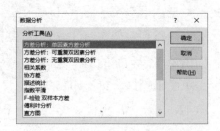

	利润/件	机时/件	耗费原料/件	生产量
产品A	60	2	2.5	134
产品B	75	3.5	1.5	109
机时配额	650		实际机时	649.5
原料配额	500		实际用料	498.5
			总利润	16215

用料明细　约束条件　规划求解值　求解结果

4.2.6 分析工具库

　　Excel 的分析工具库包括描述统计、相关系数、指数平滑等 19 种统计方法。和专业的统计分析软件相比，分析工具库根植于 Excel，上手容易，操作简单，能在提高分析效率的同时降低出错的概率。

　　右图所示为分析工具库的【数据分析】对话框，在【分析工具】列表框中选择需要的工具选项，即可进行数据分析工作。

本章内容小结

　　本章主要介绍了 Excel 的数据分析方法和相应的工具，了解这些方法和工具并不是目的，重要的是要学会如何使用它们。下一章将具体介绍数据透视表，并结合具体实例讲解如何进行数据分析。

第 5 章

用数据透视表
快速汇总数据

- 如何快速制作数据透视表?
- 如何设计数据透视表项目?
- 如何完成数据透视表筛选?

多样汇总不用愁,
用数据透视表轻松实现。

想要做好数据分析工作，只会使用基础的数据处理工具是不行的。明细表的数据量非常大，往往不能直接观测到数据特征，所以还需要对明细表进行多项汇总后再分析。汇总时用到的工具，就是本章的主角——数据透视表。

 5.1　使用数据透视表，数据汇总也简单

时间到了下半年，公司需要对上半年的销售数据进行分析，以便制订下半年的销售计划。小刘决定用数据透视表对上半年的销售数据进行汇总和分析。

要使用数据透视表，首先要学会创建数据透视表；其次，因为数据透视表也是汇总表的一种，所以编辑字段和美化表格也是制作数据透视表的必要操作。

> **Tips**
>
> 使用数据透视表前，需整理好明细表中的数据。例如，不能有合并的单元格，表头不能有空值。保证原始数据的规范性，才能保证汇总数据的准确性。

创建数据透视表有两种方法：一种是使用系统推荐的数据透视表，另一种是手动创建，编辑字段生成数据透视表。

🖱 使用推荐的数据透视表

使用推荐的数据透视表，不需要自己编辑字段，直接选择已有的字段即可，非常快捷、高效，具体步骤如下。

配 套 资 源	
	第 5 章 \ 销售明细表 01—原始文件
	第 5 章 \ 销售明细表 01—最终效果

扫码看视频

STEP1» 打开本实例的原始文件，❶切换到【插入】选项卡，❷单击【表格】组中的【推荐的数据透视表】按钮，如下图所示。

STEP2» 弹出【推荐的数据透视表】对话框，❶选择第一个选项【求和项：订单金额（元），按产品名称】，❷单击【确定】按钮，创建数据透视表，如下图所示。

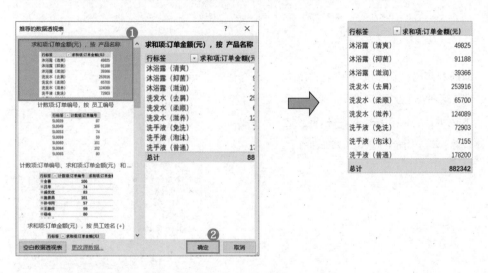

手动创建数据透视表

　　推荐的数据透视表只适合用来快速汇总金额或统计个数。而手动创建的数据透视表可以自由组合各种字段，像销售分析中经常考虑的时间、渠道、客户等多种因素都可以显示。虽然创建的过程复杂一点，但实用性和灵活性更强，手动创建数据透视表的具体步骤如下。

配 套 资 源
第 5 章 \ 销售明细表 02—原始文件
第 5 章 \ 销售明细表 02—最终效果

扫码看视频

STEP1» 打开本实例的原始文件，❶切换到【插入】选项卡，❷单击【表格】组中的【数据透视表】按钮，如下图所示。

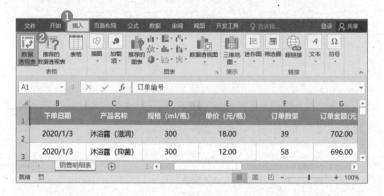

STEP2» 弹出【创建数据透视表】对话框，由于是在销售明细表上进行的该操作，所以【表 / 区域】文本框中默认引用了该表的数据，其他选项保持默认设置，单击【确定】按钮，如右图所示。

STEP3» 此时将在【销售明细表】工作表左侧自动新建 Sheet1 工作表，并弹出【数据透视表字段】任务窗格，❶将【产品名称】字段拖曳到【行】区域内，❷将【下单日期】字段拖曳到【列】区域内，❸将【订单金额（元）】字段拖曳到【值】区域内，就会自动生成数据透视表，如下页图所示。

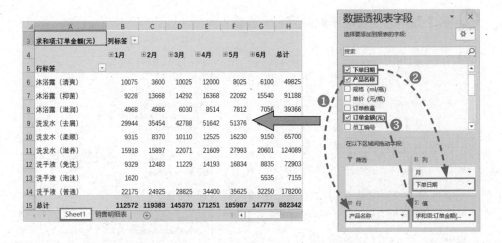

如果拖曳字段过程中操作失误，或者想要删除已经设置好的字段，有两种办法：方法一，取消勾选字段对应的复选框；方法二，在列表框中单击该字段，在弹出的下拉列表中选择【删除字段】选项。

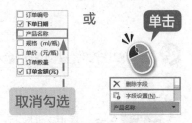

Q1 数据透视表有什么优点？

A1

数据透视表中的每一项汇总数据都有各自的明细，可以单独查看和使用。例如，如果想看"沐浴露（清爽）"产品 1 月的销售明细，直接双击该单元格，明细便以另外的工作表展示出来，这是其他汇总表所不具备的功能。

订单编号	下单日期	产品名称	规格（ml/瓶）	订单金额(元)
010	2020/1/5	沐浴露（清爽）	300	1325
023	2020/1/8	沐浴露（清爽）	300	1300
037	2020/1/11	沐浴露（清爽）	300	1025
050	2020/1/15	沐浴露（清爽）	300	1325
054	2020/1/16	沐浴露（清爽）	300	1450
071	2020/1/21	沐浴露（清爽）	300	1100

▲ "沐浴露（清爽）"产品 1 月明细

Q2 多个数据透视表能不能放到一个表里?

A2

　　当然可以。做第 1 个数据透视表是为了和明细表区别,所以才选中【新工作表】单选钮。如果有多个不同的数据透视表,为了便于分析,可以将它们放到同一个数据透视表中。具体方法如下:在弹出的【创建数据透视表】对话框中选中【现有工作表】单选钮,然后选择想要的位置。

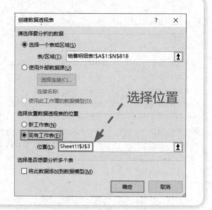

Q3 每次单击数据透视表都会显示任务窗格,能否隐藏?

A3

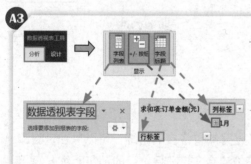

　　可以。不仅是任务窗格,数据透视表自带的字段标题和【+】【-】按钮也都可以隐藏。方法是一样的,都是在【分析】选项卡下的【显示】组中进行设置,然后单击相应的按钮。

5.2 分析销售数据透视表,设计项目布局

　　数据透视表是为数据分析服务的,所以仅做好数据透视表是远远不够的,还要根据数据透视表自身的属性设计项目布局,为进一步分析做准备。

5.2.1 数据透视表时间切换,添加季度汇总项

　　小刘在制作数据透视表的过程中发现,只要涉及下单日期,出来的时间

单位就默认为"月"。但销售额不仅需要月度汇总,还需要季度汇总。于是小刘想按照以前的办法,插入列,再用公式汇总,结果却弹出警告对话框,如下图所示。

虽然不能直接求和,但数据透视表中的时间字段是可以自由切换的,只需要利用组合功能添加季度项就可以了,具体步骤如下。

配套资源
第 5 章 \ 销售明细表 04—原始文件
第 5 章 \ 销售明细表 04—最终效果

扫码看视频

STEP1» 打开本实例原始文件,❶选中月份行中的任意一个单元格,单击鼠标右键,❷在弹出的快捷菜单中选择【组合】选项,如下图所示。

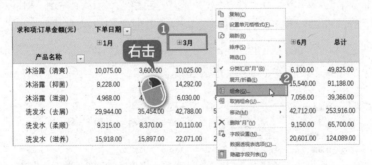

STEP2» 弹出【组合】对话框,❶在【步长】列表框中选择【月】和【季度】两项,❷单击【确定】按钮,如右图所示。

结果如下图所示，系统自动在月份的后面增加了季度汇总项。单击【第一季】左边的【－】按钮，可以折叠月份信息。

求和项:订单金额(元)	下单日期									
	□第一季			第一季 汇总	□第二季			第二季 汇总	总计	
产品名称	1月	2月	3月		4月	5月	6月			
单击【－】按钮可折叠月份信息				23,700.00	12,000.00	8,025.00	6,100.00	26,125.00	49,825.00
				37,188.00	16,368.00	22,092.00	15,540.00	54,000.00	91,188.00
沐浴露（滋润）	4,968.00	4,986.00	6,030.00	15,984.00	8,514.00	7,812.00	7,056.00	23,382.00	39,366.00
洗发水（去屑）	29,944.00	35,454.00	42,788.00	108,186.00	51,642.00	51,376.00	42,712.00	145,730.00	253,916.00
洗发水（柔顺）	9,315.00	8,370.00	10,110.00	27,795.00	12,525.00	16,230.00	9,150.00	37,905.00	65,700.00
洗发水（滋养）	15,918.00	15,897.00	22,071.00	53,886.00	21,609.00	27,993.00	20,601.00	70,203.00	124,089.00

5.2.2 更改数据透视表汇总项，汇总也能分类

小刘觉得组合汇总功能非常实用，想对产品名称也进行分类汇总，于是再一次使用了组合汇总功能，结果却失败了。

明细表中的日期以"日"为单位，所以数据透视表可以组合成"月""季""年"这样的单位。而产品名称这样的文本字段，不具备组合的条件。

小刘想做的产品分类汇总如下图所示，这样的分类汇总需要 3 步完成：添加字段、禁用总计字段和更改报表布局。

求和项:订单金额(元)		月	下单日期					
		⊞1月	⊞2月	⊞3月	⊞4月	⊞5月	⊞6月	
产品类别	产品名称							
□沐浴露	沐浴露（清爽）	10,075.00	3,600.00	10,025.00	12,000.00	8,025.00	6,100.00	
	沐浴露（抑菌）	9,228.00	13,668.00	14,292.00	16,368.00	22,092.00	15,540.00	
	沐浴露（滋润）	4,968.00	4,986.00	6,030.00	8,514.00	7,812.00	7,056.00	
沐浴露 汇总		24,271.00	22,254.00	30,347.00	36,882.00	37,929.00	28,696.00	
□洗发水	洗发水（去屑）	29,944.00	35,454.00	42,788.00	51,642.00	51,376.00	42,712.00	

▲ 产品分类汇总

扫码看视频

STEP1» 添加字段。打开本实例原始文件，❶打开【数据透视表字段】任务窗格，❷将【产品类别】字段拖曳至【行】区域中，如下图所示。

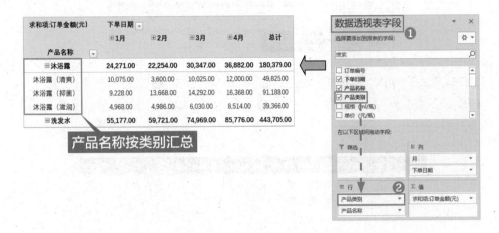

产品名称按类别汇总

对于数据透视表中的字段总计，如果不需要，直接禁用就可以了。

STEP2» 禁用总计字段。选中数据透视表中的任意一个单元格，❶切换到【设计】选项卡，❷单击【布局】组中的【总计】按钮，❸在弹出的下拉列表中选择【对行和列禁用】选项，如下图所示。

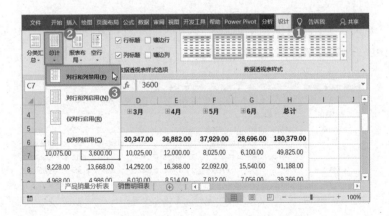

数据透视表默认的报表布局是压缩形式，即无论叠加多少个行字段，都只占一列。在行字段有明显分级的情况下，分成不同的列显示会更好，所以需要更改数据透视表的报表布局。

STEP3» 更改报表布局。选中数据透视表中的任意一个单元格，❶切换到【设计】选项卡，❷单击【布局】组中的【报表布局】按钮，❸在弹出的下拉列表中选择【以表格形式显示】选项，如下图所示。

　　表格形式的数据透视表不但能实现分级显示，汇总项也会自动在底部显示，更符合我们日常处理表格的习惯。

求和项:订单金额(元)		月 ▼	下单日期 ▼				
产品类别 ▼	产品名称 ▼	⊞1月	⊞2月	⊞3月	⊞4月	⊞5月	⊞6月
⊟沐浴露	沐浴露（清爽）	10,075.00	3,600.00	10,025.00	12,000.00	8,025.00	6,100.00
	沐浴露（抑菌）	9,228.00	13,668.00	14,292.00	16,368.00	22,092.00	15,540.00
	沐浴露（滋润）	4,968.00	4,986.00	6,030.00	8,514.00	7,812.00	7,056.00
沐浴露 汇总			24,271.00	22,254.00	30,347.00	36,882.00	37,929.00	28,696.00
⊟洗发水	洗发水（去屑）	29,944.00	35,454.00	42,788.00	51,642.00	51,376.00	42,712.00

▲ 表格形式的数据透视表

5.2.3 添加计算字段和计算项，透视不了自己加

🖱 添加计算字段

　　领导给小刘分配了新的任务，要求小刘在季度汇总的基础上展示税率对销售额的影响，即求税后销售额。假设该类商品需交纳的增值税税率为 17%，但是数据透视表字段里没有税收类的字段。那么该怎么在数据透视表里计算税后销售额呢？

　　当数据透视表中的字段需要进行额外的计算时，可以使用添加计算字段功能。计算字段是指对数据透视表内现有字段进行计算得到新字段，是字段与字段之间的计算，添加的具体步骤如下。

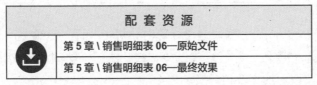

配 套 资 源
第 5 章 \ 销售明细表 06—原始文件
第 5 章 \ 销售明细表 06—最终效果

扫码看视频

STEP1» 打开本实例原始文件，选中数据透视表中的任意一个单元格，❶切换到【分析】选项卡，❷单击【计算】组中的【字段、项目和集】按钮，❸在弹出的下拉列表中选择【计算字段】选项，如下图所示。

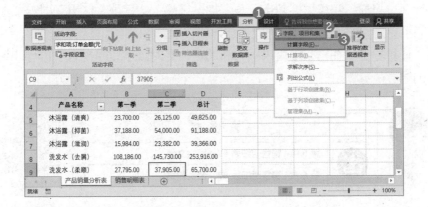

STEP2» 弹出【插入计算字段】对话框，❶在【名称】文本框中输入"税后金额（元）"，将光标定位到【公式】文本框内"="后面，❷选择【字段】列表框中的【订单金额（元）】选项，❸单击【插入字段】按钮，"="后面会自动显示"'订单金额（元）'"，❹在后面接着输入"*0.83"，❺单击【确定】按钮，如右图所示。

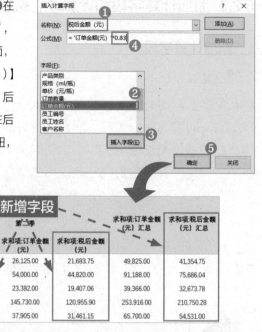

产品名称	下单日期				求和项:订单金额（元）汇总	求和项:税后金额（元）汇总
	第一季		第二季			
	求和项:订单金额（元）	求和项:税后金额（元）	求和项:订单金额（元）	求和项:税后金额（元）		
沐浴露（清爽）	23,700.00	19,671.00	26,125.00	21,683.75	49,825.00	41,354.75
沐浴露（抑菌）	37,188.00	30,866.04	54,000.00	44,820.00	91,188.00	75,686.04
沐浴露（滋润）	15,984.00	13,266.72	23,382.00	19,407.06	39,366.00	32,673.78
洗发水（去屑）	108,186.00	89,794.38	145,730.00	120,955.90	253,916.00	210,750.28
洗发水（柔顺）	27,795.00	23,069.85	37,905.00	31,461.15	65,700.00	54,531.00

对"订单金额（元）"字段进行计算时，每个"订单金额（元）"字段后都会自动插入新增字段，并且格式保持一致。比起手动输入公式计算，数据透视表的计算字段更加高效和智能。

添加计算项

除了税后销售额，小刘还打算做产品类别渠道销售额差异分析，这就需要计算"渠道"字段里"超市"与"批发市场"的差值。这属于同一个字段不同项目之间的计算，因此不能添加计算字段，得添加计算项。

计算项是指在已有字段中插入新的项，并对该字段中现有项执行计算，添加的具体步骤如下。

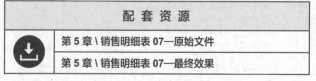

配 套 资 源
第 5 章 \ 销售明细表 07—原始文件
第 5 章 \ 销售明细表 07—最终效果

扫码看视频

STEP1» 打开本实例原始文件，制作"产品类别"与"渠道"的销售额数据透视表，如下图所示。

STEP2» 选中相关字段区域内任意一个单元格，❶切换到【分析】选项卡，❷单击【计算】组中的【字段、项目和集】按钮，❸在弹出的下拉列表中选择【计算项】选项，如下图所示。

STEP3» 弹出对话框，❶在【名称】文本框中输入"差额"，❷在【字段】列表框中选择【渠道】选项，❸将【项】列表框中的【超市】和【批发市场】通过【插入项】按钮插入【公式】文本框中，在两者中间输入"-"，❹单击【确定】按钮，如下图所示。

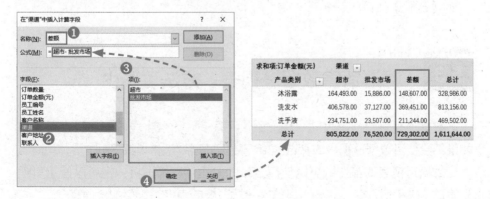

Q1 为什么【计算项】选项不能用？

A1

①如果选项为灰色，则说明数据区域选择得不对。因为计算项是字段之间的计算，所以要选定字段区域内的相关数据，才能使用该选项；而且想要对哪个字段项目进行计算，就只能选择该字段区域内的数据。选择【计算项】选项后，选择的字段区域不同，弹出的对话框也不同。

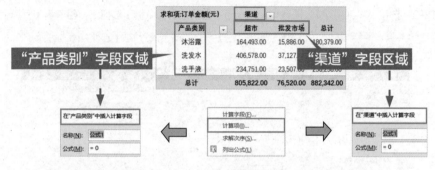

②如果区域内字段有组合项，也不能使用【计算项】选项。

Q2 新添加的字段怎么删除？

A2

　　选择【计算项】或【计算字段】选项，弹出对话框，在【名称】下拉列表中会出现之前添加的字段，选择要删除的字段后，单击右侧的【删除】按钮即可。

5.3　筛选销售数据透视表，方法可不少

　　数据透视表是汇总表的一种，不仅字段多，而且字段内的项目也很多。如果不会使用数据透视表的筛选功能，数据处理效率将大大降低。

　　数据透视表的筛选既可以使用自带的筛选器和筛选页，也可以使用可插入的日程表和切片器，这些工具的功能比一般的表格筛选更加全面和专业。

5.3.1　使用筛选器与筛选页，汇总表筛选很简单

筛选器

　　筛选器随数据透视表一起出现，存在于行标签和列标签单元格右下角，且无法单独删除。

　　筛选器的用法跟普通的筛选功能一样，只需要打开下拉列表，选择其中的选项进行筛选。由于列标签"下单日期"进行了组合，所以筛选下拉列表中会有【选择字段】下拉列表，可选择其中的组合项，如右图所示。

　　一些自定义数值范围、包含特定文本的筛选等，都只能通过筛选器实现。

筛选页

　　跟筛选器不同，筛选页需要主动选择相应的字段才能调出。回想一下前面制作的数据透视表，只要是默认的数据透视表，都是从 A3 单元格开始排列数据，其实 A1:B1 单元格区域就是数据透视表固定的筛选页位置。

　　在【数据透视表字段】任务窗格中，将【产品类别】字段拖曳至【筛选】区域中，即可调出筛选页。

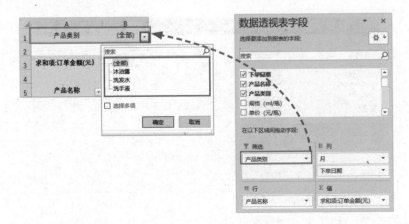

按员工姓名拆分报表，统计业绩

　　小刘将做好的带有筛选页的员工销售分析表发给领导后，领导表示手动筛选太麻烦，希望小刘按照员工姓名拆分数据透视表，统计业绩。

　　小刘只能先挨个筛选数据，再把数据复制出来。

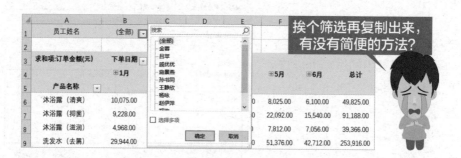

　　其实不用这么麻烦，数据透视表有专门的拆分工具，可以将数据按照筛选页里的选项拆分成独立的表格，具体实现步骤如下。

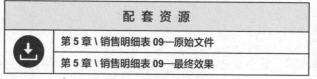

扫码看视频

STEP1» 打开本实例原始文件，选中数据透视表中的任意一个单元格，❶切换到【分析】选项卡，❷单击【数据透视表】组中的【选项】按钮，❸在弹出的下拉列表中选择【显示报表筛选页】选项，如下图所示。

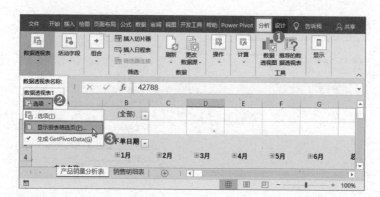

STEP2» 弹出【显示报表筛选页】对话框，❶选择【员工姓名】选项，❷单击【确定】按钮，如右图所示。

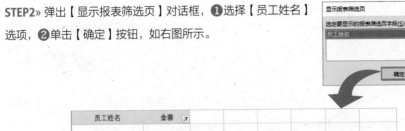

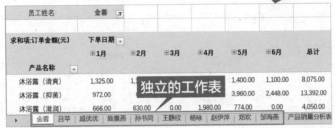

独立的工作表

5.3.2 插入日程表，筛选日期更专业

领导觉得小刘上次提交的产品季度汇总表太乱，希望小刘改进一下。如时间这类字段，想要自由地切换和汇总，除了组合还有什么办法？

其实，可以把日期作为字段通过筛选的方式展示出来。这涉及日期的筛选，数据透视表有专门的筛选工具——日程表，具体实现步骤如下。

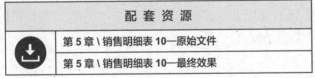

配 套 资 源
第 5 章 \ 销售明细表 10—原始文件
第 5 章 \ 销售明细表 10—最终效果

扫码看视频

STEP1» 打开本实例原始文件，选中数据透视表中的任意一个单元格，❶切换到【分析】选项卡，❷单击【筛选】组中的【插入日程表】按钮，如下图所示。

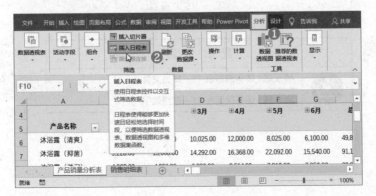

STEP2» 弹出【插入日程表】对话框，❶勾选【下单日期】复选框，
❷单击【确定】按钮，如右图所示。

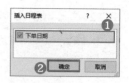

STEP3» 弹出"下单日期"的日程表筛选器，默认以"月"为单位，需要修改成"季度"，❶单击【月】右边的下拉按钮，❷在弹出的下拉列表中选择【季度】选项，如下图所示。

单击日程表里每个时间下方的蓝色按钮即可实现筛选，日程表的位置和大小可以自由调整。

5.3.3 插入切片器，单独筛选更方便

日程表是专门的日期筛选器，理论上，所有字段都可以成为筛选条件。使用切片器可以以图形化方式对字段进行展示和筛选。

切片器的优势不仅在于美观和使用方便，还在于切片器可以链接到同一工作簿中的多个数据透视表。

🖱 插入切片器

学习了切片器后，小刘在做员工销售分析时就可以把员工姓名作为筛选字段单独设置成切片器，这样筛选会更加方便，具体步骤如下。

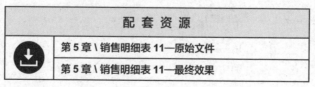

配 套 资 源		
第 5 章 \ 销售明细表 11—原始文件		
第 5 章 \ 销售明细表 11—最终效果		

扫码看视频

STEP1» 打开本实例原始文件，选中数据透视表中的任意一个单元格，❶切换到【分析】选项卡，❷单击【筛选】组中的【插入切片器】按钮，如下图所示。

STEP2» 弹出【插入切片器】对话框，❶勾选【员工姓名】复选框，❷单击【确定】按钮，即可调出切片器，如下图所示。

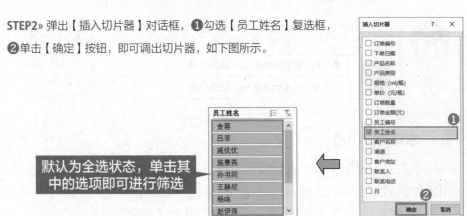

默认为全选状态，单击其中的选项即可进行筛选

🖱 切片器的设置与布局

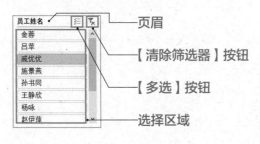

页眉

【清除筛选器】按钮

【多选】按钮

选择区域

　　如果想要多选项目，可以先单击切片器右上角的【多选】按钮，再进行多项选择。选择选项后，单击【清除筛选器】按钮，即可回到默认的全选状态。切片器顶部是页眉，可以手动去掉。

　　小刘并不喜欢默认的切片器样式，于是稍微修改了一下相关设置，将切片器布置成下页图所示的样子。这种布局只需要修改页眉和列数就可以完成，具体步骤请扫码看视频学习。

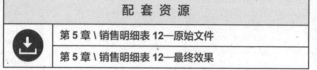

修改后的切片器

	A	B	C	D	E	F	G	H
3	求和项:订单金额(元)	下单日期						
4		⊞1月				⊞5月	⊞6月	总计
5	产品名称							
6	沐浴露（清爽）	10,075.00	3,600.00	10,025.00	12,000.00	8,025.00	6,100.00	49,825.00
7	沐浴露（抑菌）	9,228.00	13,668.00	14,292.00	16,368.00	22,092.00	15,540.00	91,188.00
8	沐浴露（滋润）	4,968.00	4,986.00	6,030.00	8,514.00	7,812.00	7,056.00	39,366.00

💬 **本章内容小结**

　　本章主要介绍了数据透视表在汇总数据方面的应用。对于那些数据量庞大的明细表而言，数据透视表是再合适不过的选择了。在进行复杂案例的分析时，数据透视表往往也是优先选择的工具。

　　在 Excel 里，数据的表现形式不是只有表格一种。数据是可以可视化展示的，而使用的工具就是图表。下一章将介绍图表的相关知识。

第 6 章

图表与数据可视化

- 怎样做好图表?
- 图表有哪些类型?
- 如何制作不同类型的图表?

数据要好看,
图表少不了。

提起数据分析，大多数人都会想到包含大量数字或文本的表格。其实，数据的本质是信息，而信息的展示形式不是只有文字和表格，还有图表。图表是一种把数据可视化的工具，可以让数据传递信息的效率更高。

6.1　学习数据可视化，从做好图表开始

如今，工作中需要用到图表的地方越来越多。只要需要用 Excel 表格，就会有图表的用武之地。

要学习数据的可视化，就得从做好一个图表开始。

6.1.1　制作图表，一张图表抵万言

小刘将部门费用表交给了领导。领导称赞小刘表格做得不错，并提出了建议：虽然表格很规范，但数据并不易读，可以尝试以图表的形式进行展示。

对比、极值和数据大小都不明显

美化表格只是修饰框架，想要可视化数据，得靠图表。

图表是在数据表的基础上制作而成的。插入图表的步骤很简单，只是需要根据不同的分析需求来选择不同类型的图表，具体步骤如下。

配 套 资 源
第 6 章 \ 部门费用表 01—原始文件
第 6 章 \ 部门费用表 01—最终效果

扫码看视频

STEP1» 打开本实例的原始文件，选中数据表内任意一个单元格，❶切换到【插入】选项卡，❷单击【图表】组中的【推荐的图表】按钮，如下图所示。

STEP2» 弹出【插入图表】对话框，❶切换到【所有图表】选项卡，❷选择【柱形图】选项，❸选择【簇状柱形图】选项，❹单击【确定】按钮，如右图所示。

包含所有
图表类型

同一类图表
的所有选项

最后得到的是一个柱形图表。虽然该图表没有经过任何编辑，但是数据的展示效果已经提升了不少。

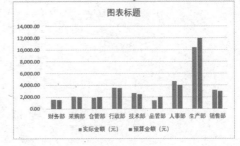

6.1.2 设计图表，先做好整体布局

想做出一个令人满意的表格尚且要布局和编辑，更何况是制作更注重视觉效果的图表。设计图表，首先要从整体布局入手。

添加 / 删除图表元素

图表元素是组成图表的部分。图表可以显示的元素很多，但并不是所有元素都需要在图表上显示出来。添加或删除图表元素就是布局图表的第一步。

切换到【设计】选项卡，单击【图表布局】组中的【添加图表元素】按钮，就会弹出包含所有图表元素的下拉列表。如果想要删除图表标题，在【图表标题】级联菜单中选择【无】选项即可。

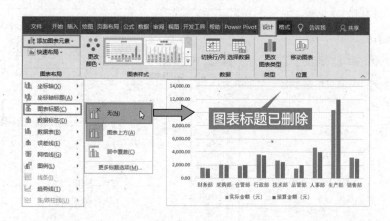

添加或删除图表元素也有快捷操作。选中图表后，图表右侧会出现 3 个按钮，其中第 1 个是图表元素按钮，单击该按钮，在弹出的下拉列表中勾选或取消勾选复选框，即可添加或删除对应的元素。

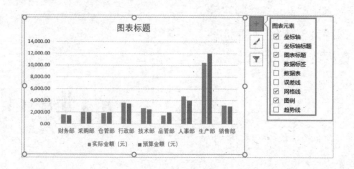

添加 / 减少数据系列

小刘刚把部门费用表的图表做好，又得知需要加上同期数据进行对比。实际工作中经常遇到需要添加或减少数据系列的情况，这时候如果从头制作图表会耗费大量精力，此时可以直接对数据系列进行操作。

复制粘贴法

数据可以复制粘贴，图表数据系列也可以进行同样的操作。选中需要添加的数据系列，按【Ctrl】+【C】组合键复制，然后选中图表，按【Ctrl】+【V】组合键粘贴，图表中会自动添加相关的数据系列。

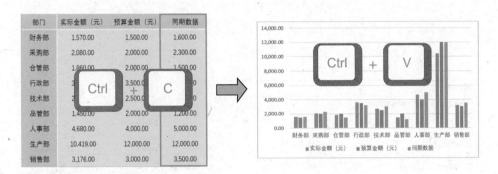

修改数据源

图表的数据系列都来源于表格，可以直接修改数据源，从而实现数据系列的添加或减少，具体步骤如下。

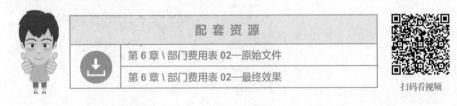

配套资源

第6章\部门费用表02—原始文件

第6章\部门费用表02—最终效果

扫码看视频

STEP1» 打开本实例的原始文件，选中图表，❶切换到【设计】选项卡，❷单击【数据】组中的【选择数据】按钮，如下页图所示。

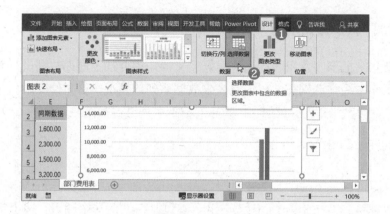

STEP2》弹出【选择数据源】对话框，❶单击【图例项（系列）】列表框中的【添加】按钮，弹出【编辑数据系列】对话框，❷在【系列名称】文本框中输入"同期数据"，❸将光标定位到【系列值】文本框中"="的后面，选择新增加的 E3:E11 单元格区域（系统会自动添加表名和绝对引用符），❹单击【确定】按钮，如下图所示。

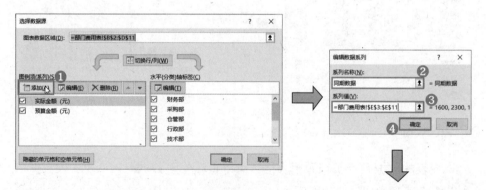

STEP3》回到【选择数据源】对话框，此时可以看到新添加的数据系列，单击【确定】按钮，即可得到最终结果。

删除数据系列比较简单，有以下 3 种方法：

①在图表中，利用【Delete】键删除数据系列；

②在数据表中，删除相关的列数据；

③在【选择数据源】对话框中，利用【删除】按钮删除数据系列。

图表类型更改

图表类型虽然在插入图表时就已选择好，但并非一成不变。可以根据具体的需求，自由更改图表的类型。

更改整个图表的类型

更改图表类型相当于重新选择一次图表类型，所有的数据系列也都会被更改成新的类型，具体步骤如下。

配 套 资 源	
第 6 章 \ 部门费用表 03—原始文件	
第 6 章 \ 部门费用表 03—最终效果	

扫码看视频

STEP1» 打开本实例的原始文件，选中图表，❶切换到【设计】选项卡，❷单击【类型】组中的【更改图表类型】按钮，如下图所示。

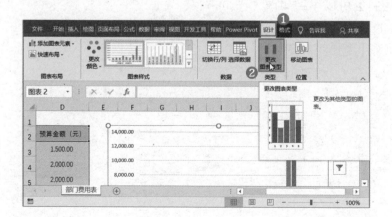

STEP2» 弹出【更改图表类型】
对话框，❶切换到【所有图表】
选项卡，❷选择【条形图】选
项，❸选择【簇状条形图】选
项，❹单击【确定】按钮，即
可完成图表类型的更改，如右
图所示。

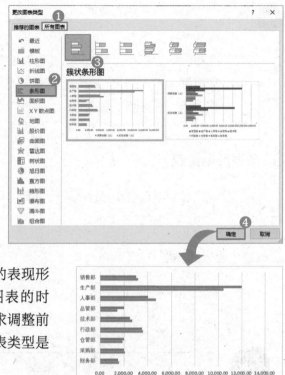

对于同一个需求，图表的表现形
式并不唯一。在大量制作图表的时
候，经常需要根据后面的需求调整前
面制作的图表，所以更改图表类型是
经常用到的操作。

更改部分数据系列的图表类型

前面的操作是把整个
图表从柱形图变为条形
图，我们也可以单独更改
部分数据系列的图表类型。

打开【更换图表类型】
对话框，在【所有图表】
选项卡中选择【组合图】
选项，这里可以单独设置
数据系列的类型。例如，
这里把【预算金额（元）】
系列的【图表类型】设置

为【折线图】。

此时，图表中只有预算金额系列
从柱形图变成折线图。更改部分数据
系列的图表类型也是制作组合图的常
用操作，读者应熟练掌握。

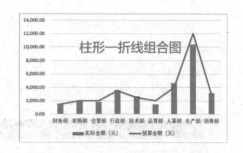

图表的一键布局

图表也可以实现一键布局，在【设计】选项卡中有快速布局、更改颜色
和图表样式 3 种不同的修改设置。

快速布局：图表元素的整体调整。

更改颜色：图表中数据系列颜色的快速调整。

图表样式：图表背景、数据标签和数据系列样式的快速调整。

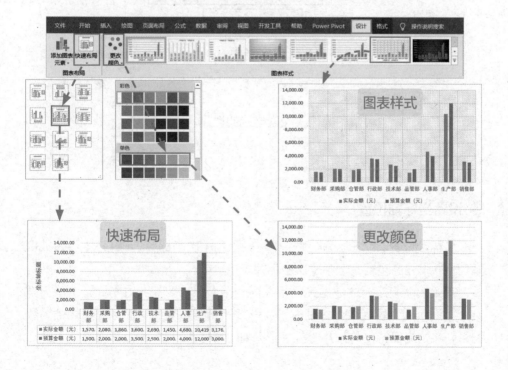

6.1.3 美化图表，修改图表元素是重点

美化图表时，需要根据不同的需求来修改图表元素。图表中的所有元素都可以单独设置格式，方法都是一样的：选中某个元素，切换到【格式】选项卡，单击【当前所选内容】组中的【设置所选内容格式】按钮；或者在选中某个元素后单击鼠标右键，在弹出的快捷菜单中选择相关选项。

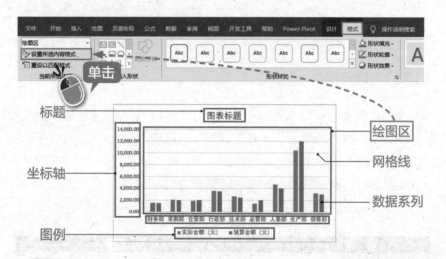

此时会弹出任务窗格，在任务窗格中就可以设置各元素的格式。一个精美的图表，离不开对元素格式的设置。

接下来介绍几种常用的修改元素格式的操作。

设置坐标轴位置

坐标轴位置有两个选项：【主坐标轴】和【次坐标轴】。打开【设置数据系列格式】任务窗格，选中【次坐标轴】单选钮。

初始的图表所有的数据系列都在同一平面上，即都在主坐标轴上。当把某个数据系列设置为次坐标轴时，就形成了两个重叠的平面。次坐标轴的数据系列将始终保持在前，并覆盖主坐标轴的数据系列。

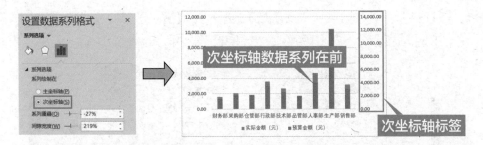

设置次坐标轴后，次坐标轴的坐标轴标签也会随之出现。通常默认两个坐标轴的刻度值是不同的，这会导致同一高度代表的数值大小不同。因此，需要根据分析需求调整坐标轴的刻度值。当两个坐标轴表示的数据维度一样时，就需要保证两个坐标轴的刻度值一致，这样才方便进行对比。

调整坐标轴标签

打开【设置坐标轴格式】任务窗格，选择【坐标轴选项】选项，单击【坐标轴选项】按钮 ，将【边界】的【最大值】设置为【12000.0】，这样主次坐标轴的刻度值就一致了。

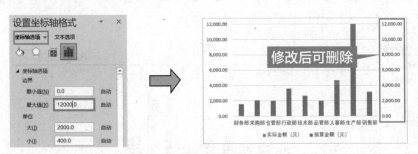

当将次坐标轴和主坐标轴的刻度值设置一致后，为方便查看，一般会删除次坐标轴，只保留主坐标轴。

修改系列重叠和间隙宽度

系列重叠指是同一图表中不同数据系列的重叠。该值以 0% 为标准，此时图形之间既不重叠也不相邻。该值的取值范围为 0%~100% 时数据系列重叠，值越大，重叠部分越多；该值的取值范围为 −100%~0% 时数据系列相邻，绝对值越大，距离越远。

间隙宽度是指不同数据系列之间的间距。值越大，间距越大，图形越小。

打开【设置数据系列格式】任务窗格，将【系列重叠】设置为【0%】，将【间隙宽度】设置为【100%】，效果如下图所示。

选择填充与边框颜色

提到颜色设置，大多数人都会想到设置数据系列的颜色。其实，图表中所有的元素都可以设置颜色。所有元素的颜色设置都由两部分组成：一是元素内部的填充颜色；二是元素外部边框的线条颜色。

以绘图区为例，打开【设置绘图区格式】任务窗格，选中【纯色填充】单选钮，【颜色】设置为【白色，背景色1，深色5%】；选中【实线】单选钮，【颜色】设置为【黑色】，效果如下图所示。

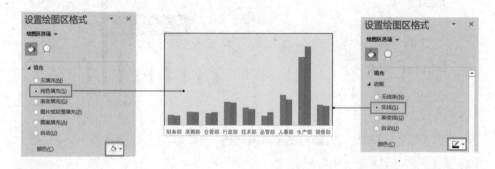

Tips

在【设置数据系列格式】任务窗格中有个【效果】按钮，该按钮用于对元素展示形式进行更多特效设置。对初学者而言，设置此类效果很容易导致重点被弱化，应慎重使用，这里不做具体介绍。

6.2 制作销售数据分析图，图表要按类型美化

Excel 中图表的类型非常多，其制作与美化操作大都类似。在制作图表时，首先要根据需求选择图表类型，然后根据具体需求进行美化。

6.2.1 制作柱形图，对比销售情况

柱形图：由一系列垂直的柱体组成，通常用于项目的对比。例如，销售分析中经常遇到的销售情况对比用柱形图就很合适，同时不要忘记适度美化图表，具体步骤如下。

配套资源
第 6 章 \ 产品对比柱形图—原始文件
第 6 章 \ 产品对比柱形图—最终效果

扫码看视频

STEP1» 打开本实例的原始文件，选中 B3:H6 单元格区域，❶切换到【插入】选项卡，❷单击【图表】组中的【插入柱形图或条形图】按钮，❸在下拉列表中选择【簇状柱形图】选项，如下图所示。

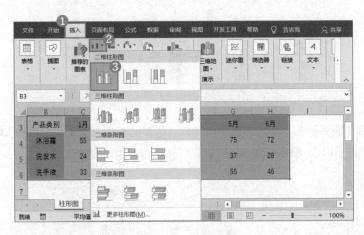

这样得到的柱形图有很多不尽如人意的地方。例如，标题需要编辑，图例放在图表下方不利于阅读，纵坐标轴没有显示单位，网格线多余，柱体太细以至于对比不明显。下面针对这些问题，对图表进行调整和完善。

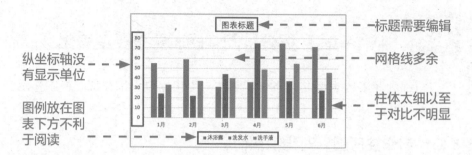

纵坐标轴没有显示单位

标题需要编辑

网格线多余

图例放在图表下方不利于阅读

柱体太细以至于对比不明显

STEP2» 编辑图表标题，输入"产品月度销售额对比（万元）"，将图例移至标题下方，删除纵坐标轴和网格线，如右图所示。

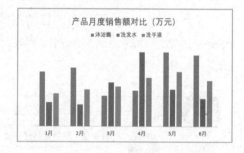

STEP3» 添加数据标签。选中图表，单击【图表元素】按钮，勾选【数据标签】复选框，即可为所有数据系列添加数据标签，如下图所示。

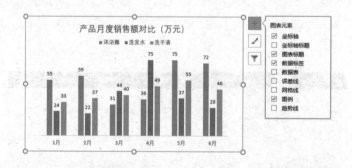

STEP4» 设置数据系列格式。选中数据系列，打开【设置数据系列格式】任务窗格，❶将【系列重叠】设置为【0%】，❷将【间隙宽度】设置为【150%】，如下图所示。

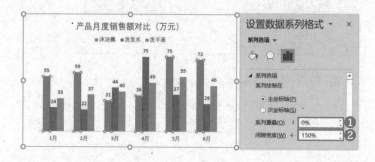

STEP5» 设置图表区格式。选中图表区（图表的空白区域），打开【设置图表区格式】任务窗格，❶单击【填充与线条】按钮，❷选中【纯色填充】单选钮，❸在【颜色】下拉列表中选择【白色，背景1，深色5%】，❹选中【实线】单选钮，❺在【颜色】下拉列表中选择【黑色，文字1，淡色50%】选项，完成图表区格式的设置，如下图所示。

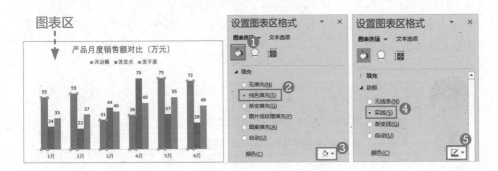

最终效果如下图所示。

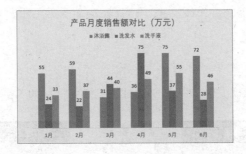

　　本实例将图例放在标题的下方，更符合阅读习惯，即先明确各数据系列代表的内容，然后再进行对比分析。另外，这里还去掉了纵坐标轴和网格线，并添加了数据标签，免去了比对坐标轴刻度的麻烦，使各产品的销售额一目了然。

> **Tips**
>
> 　　经过简单美化的图表，无论是视觉效果还是实用程度都优于默认的图表。柱形图制作的重点在于通过柱体的高低实现数据的对比效果，因此并不需要很华丽的设计，只需要简单、易读即可。

6.2.2 制作条形图，一眼看出员工业绩排名

条形图：可以看成翻转的柱形图，其功能与柱形图相似。当图表的分类项目很多，或者想要展示数据大小排序时，使用条形图效果更佳。

销售业绩是考核员工综合绩效的一项重要内容。在进行员工销售业绩分析时，排名是经常要做的一项操作。由于员工数目较多，因此一般会使用条形图，具体步骤如下。

配套资源
第 6 章 \ 业绩排名条形图—原始文件
第 6 章 \ 业绩排名条形图—最终效果

扫码看视频

想在图表上展示排序效果，应从数据表入手，先对数据进行排序，然后再创建图表。

STEP1» 打开本实例的原始文件，对员工业绩数据进行降序排列，如下图所示。

员工姓名	业绩（万元）
金蓉	32
吕苹	79
戚优优	90
施景燕	21
孙书同	60
王静欣	52
杨咏	83
赵伊萍	74
郑欢	59
王凯	45

员工姓名	业绩（万元）
戚优优	90
杨咏	83
吕苹	79
赵伊萍	74
孙书同	60
郑欢	59
王静欣	52
王凯	45
金蓉	32
施景燕	21

STEP2» 插入条形图。选中数据区域后，切换到【插入】选项卡，❶单击【图表】组中【插入柱形图或条形图】按钮，❷在弹出的下拉列表中选择【簇状条形图】选项，如下图所示。可以看到，条形图的顺序和表格的顺序是反的。

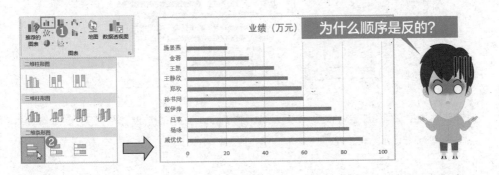

Tips

　　因为 Excel 表格是下行的，即自上而下是正序，而图表纵坐标轴是上行的，即自下而上是正序，所以图表与数据表的顺序是相反的。要解决这个问题，可以把纵坐标轴改为逆序刻度。

STEP3» 删除横坐标轴和网格线。选中纵坐标轴，打开【设置坐标轴格式】任务窗格，❶单击【坐标轴选项】按钮，❷勾选【逆序类别】复选框，如下图所示。

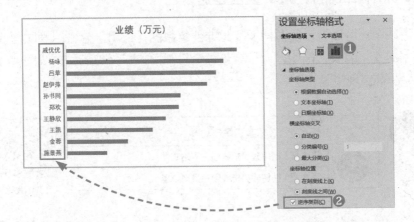

STEP4» 设置数据系列宽度。选中数据系列，打开【设置数据系列格式】任务窗格，将【间隙宽度】设置为【100%】，如下页图所示。

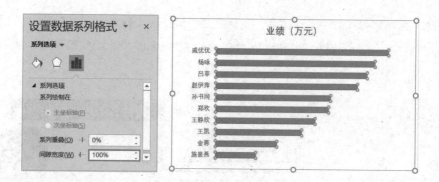

STEP5» 为数据系列添加数据标签，然后修改标题内容为"员工销售业绩排名（万元）"，按照下图所示的参数设置图表区格式。

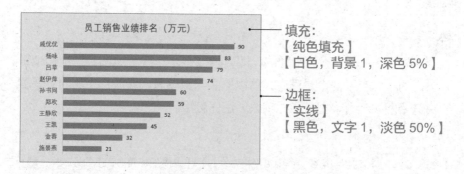

填充：
【纯色填充】
【白色，背景 1，深色 5%】

边框：
【实线】
【黑色，文字 1，淡色 50%】

6.2.3 制作折线图，分析销售趋势

折线图：可以展示随时间而变化的连续数据，适用于分析同等时间间隔下数据的变化趋势。例如，分析全年每个月销售的变化趋势用折线图就非常合适，具体实现步骤如下。

配套资源	
第6章\销售趋势折线图—原始文件	
第6章\销售趋势折线图—最终效果	

扫码看视频

STEP1» 打开本实例的原始文件，❶单击【图表】组中的【插入折线图或面积图】按钮，❷在弹出的下拉列表中选择【折线图】选项，插入折线图，如下页图所示。

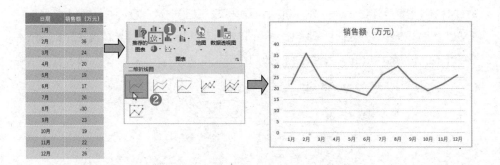

STEP2» 编辑图表标题，❶输入"2020 年销售趋势分析"，选中图表，❷单击【图表元素】按钮，❸在弹出的下拉列表中单击【图例】右侧的三角按钮，❹在弹出的级联菜单中选择【顶部】选项，如下图所示。

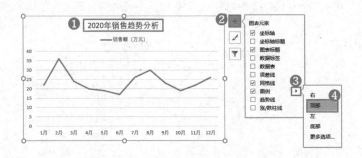

　　单系列折线图的美化重点有两个：一是将折线改为平滑线，增强表现趋势的连续性效果；二是在转折点位置添加数据标签。

STEP3» 选中数据系列，打开【设置数据系列格式】任务窗格，❶单击【填充与线条】按钮，❷选择【线条】选项，❸勾选【平滑线】复选框，如下图所示。

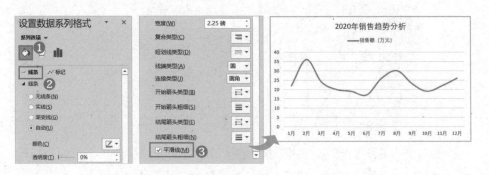

STEP4» 在【设置数据系列格式】任务窗格中，❶选择【标记】选项，❷选中【内置】单选钮，❸将【类型】设置为【圆形】，❹将【大小·】设置为【12】，❺选中【纯色填充】单选钮，❻将【颜色】设置为【白色，背景色1】，如下图所示。

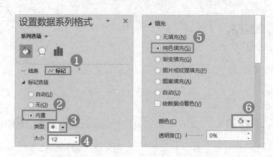

STEP5» 选中图表，❶单击【图表元素】按钮，❷在弹出的下拉列表中单击【数据标签】右侧的三角按钮，❸在弹出的级联菜单中选择【居中】选项，添加完成后将纵坐标轴删除，如下图所示。

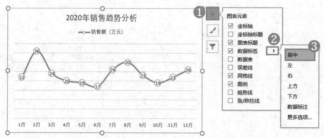

STEP6» 设置绘图区格式。选中图表的绘图区，打开【设置绘图区格式】任务窗格，❶单击【填充与线条】按钮，❷选中【纯色填充】单选钮，❸将【颜色】设置为【白色，背景色1，深色5%】，如下图所示。

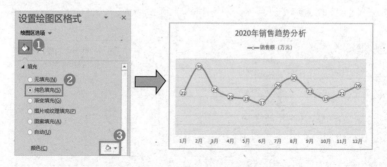

　　本实例中将折线改为了平滑线，增强了趋势的连续性效果；将纵坐标轴删除，并添加了数据标签，使图表简洁美观的同时更加直观易读。

6.2.4 制作散点图，分析广告与销售额相关性

散点图：由一些分散的点组成的图表。有些数据在数据表中看起来可能没有什么规律，但是放到散点图里其内在的联系就很容易被发现。例如，分析投入的广告费和销售额的相关性，具体步骤如下。

配 套 资 源
第 6 章 \ 广告销售散点图—原始文件
第 6 章 \ 广告销售散点图—最终效果

扫码看视频

STEP1» 打开本实例的原始文件，选中数据区域，❶单击【图表】组中的【插入散点图（X、Y）或气泡图】按钮，❷在弹出的下拉列表中选择【散点图】选项，插入散点图，如下图所示。

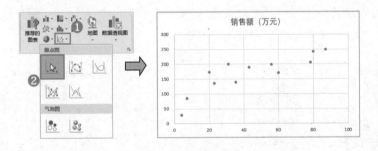

STEP2» 单击【图表元素】按钮，❶勾选【坐标轴标题】和【趋势线】复选框，然后输入图表标题和坐标轴标题，由于纵坐标轴标题是自下而上的顺序，不方便观看，因此打开【设置坐标轴标题格式】任务窗格，❷单击【大小与属性】按钮，❸在【文字方向】下拉列表中选择【竖排】选项，如下图所示。

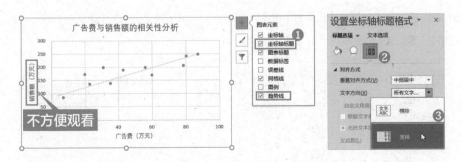

STEP3» 接下来设置散点的格式。打开【设置数据系列格式】任务窗格，❶单击【填充与线条】按钮，❷选择【标记】选项，❸设置【内置】的【类型】和【大小】选项，❹选中【纯色填充】单选钮，【颜色】设置为【红色】，❺选中【实线】单选钮，【颜色】设置为【红色】，如下图所示。

STEP4» ❶设置图表区的填充方式为【纯色填充】，【颜色】为【白色，背景1，深色5%】，选中趋势线，打开【设置趋势线格式】任务窗格，❷单击【填充与线条】按钮，❸在【短划线类型】下拉列表中选择【短划线】选项，如下图所示。

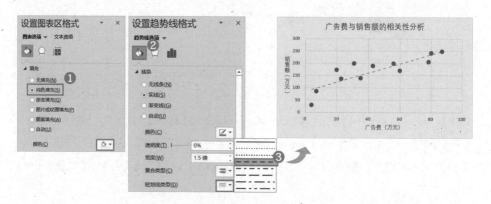

STEP5» ❶单击【设置趋势线格式】任务窗格中的【趋势线选项】按钮，❷勾选【显示公式】复选框，❸调整公式的位置，如下图所示。

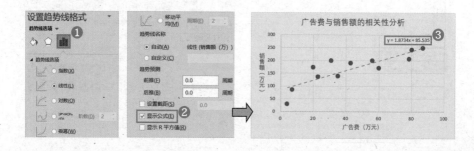

6.2.5 制作瀑布图，体现成本与收入的关系

通常情况下，不同项目的对比用柱形图就可以完成。但是，如果是成本与收入这类有着明显正负值和相关性的数据，用柱形图来展示就不太合适了。

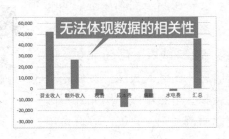

此时可以使用瀑布图。

瀑布图：可以直观地展示相邻数据的演变过程，常用于资金的收入、支出和增减分析。制作瀑布图的具体操作请扫码看视频学习。

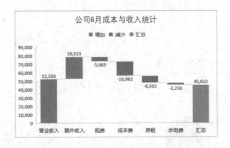

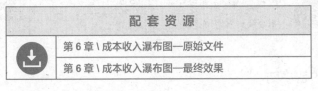

配套资源

第6章\成本收入瀑布图—原始文件

第6章\成本收入瀑布图—最终效果

扫码看视频

制作瀑布图有两点需要注意：一是柱体间由连接符线条相连，以体现数据的连续性，因此网格线的存在会影响连接符线条的显示；二是最后的汇总数据中的图例是单独显示的，但是数据系列中是与增加系列同样显示的（颜色与增加系列相同，并且柱体也是从连接线处开始向上显示的），因此需要手动修改。

6.2.6 制作直方图，查看绩效分布区间

图表一般展示的是汇总数据，很少会直接使用明细数据来制作图表。可是有些图表的制作需要的就是明细数据，例如，一家公司的员工绩效考核成绩表中有 60 个员工的成绩信息，这样的表能直接用来制作图表吗？当然可以，例如分析区间数据的直方图，它就可以直接用明细数据来制作。

直方图：常用于展示一组数据的分布状态，属于统计图表。制作直方图的具体操作请扫码看视频学习。

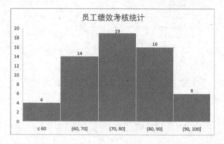

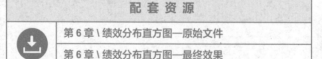

配套资源
第 6 章 \ 绩效分布直方图—原始文件
第 6 章 \ 绩效分布直方图—最终效果

扫码看视频

 本章内容小结

本章介绍了图表的相关知识及日常工作中常用的图表类型。由于图表是数据分析中重要的工具，将直接影响整个数据分析结果的展示。因此，制作一个好的图表是进行数据分析的必备技能。

下一章将介绍 Excel 数据处理中的"灵魂"技术——公式与函数。掌握了这些技能，再复杂的数据计算也可以轻松实现！

第7章

公式与函数的应用

- 何为公式？何为函数？
- 为什么要学公式和函数？
- 函数具体应该怎么用？

数据分析想做好，
公式函数要明了。

我们已经学习了数据透视表，能根据原始数据表进行各种汇总、计算、分析和处理了，为什么还要学函数呢？

诚然，我们已经学习了很多数据处理的技能和方法，但并不能满足复杂多变的工作需求。

试想，当你碰到以下问题时会怎么做。

① 领导让你根据考勤记录统计出勤情况，怎么自动判断迟到和早退呢？

② 汇总计算销售额似乎不难，但如果有多个条件呢？

③ 工资表数据量这么大，怎么根据姓名查找工资，挨个筛选再复制？

…………

别担心，学会本章介绍的公式与函数，就能轻松解决上述问题。

 ## 7.1 公式与函数基础知识

提到公式和函数，大家总会认为其难以掌握。Excel 中有 400 多个函数，每一个都有自己的语法和参数，哪怕输错一个标点符号，都无法得到正确的结果。

其实，函数虽多，日常工作中常用的也就只有十几个。函数输入的规则是相似的，掌握基础知识，再了解函数的语法和参数，便能得心应手地使用函数。

7.1.1 公式的输入与运算符的使用

公式的输入

Excel 中的公式以"="开头，后面输入数据或者函数，然后按【Enter】键即可得到结果。

以"="开头的数据会被自动判定为公式并计算结果，而其余数据会被自动判定为普通数据，如右图所示。

	A	B
1	输入公式	结果为
2	=1+1	2
3	=2+3	6
4	=B2+B3	8

	A
1	直接输入
2	1+1
3	2+3
4	B2+B3

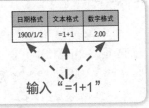

Tips 不同格式下输入公式会得到不一样的计算结果。例如，同样的公式 "=1+1"，在日期、文本和数字格式下输入，得到的结果就不相同。因此，不要随意调整单元格的格式。

运算符的使用

要想利用公式求得结果，离不开运算符的配合使用。常用的运算符分为算术运算符、文本运算符和比较运算符。

运算符	功能	举例
算数运算符	用于基本的算数运算	+、-、*（乘）、/（除）等
文本运算符	用于连接多个值产生一个新的文本值	&
比较运算符	用于比较两个值，然后返回逻辑值TRUE或FALSE	=、<、>等

算术运算符

算术运算符是常见的运算符，其运算规则跟数学中的运算规则是一样的，最后得到的结果是数值型数据。注意，Excel 中的算术运算符有自己的表达形式，例如乘号为 "*"、除号为 "/" 等。

文本运算符

文本运算符 &，用它可以将两个及以上的字符串合成一串文本，无论输入的数据是什么，得到的都是文本型数据。

Tips 在公式里，只有数字和单元格地址可以直接书写，若涉及字符串（文本、字母、文本格式的数字等），就需要将该字符串用英文状态下的双引号引起来。例如，上图中 B2 单元格的计算结果对应的公式为 "="W"&" 爱 "&"1""。

比较运算符

比较运算符用于对两个值进行逻辑判断，输出的结果为 TRUE 或 FALSE。例如，右图中 A2 单元格中的公式"=1=2"，判断的是"1 是否等于 2"，结果是不等于，那么计算结果为 FALSE。注意，公式中的第 2 个"="是比较运算符，和第 1 个公式引用符"="并不冲突。

	A	B
1	输入公式	结果为
2	=1=2	FALSE
3	=3>=2	TRUE
4	=3<=3	TRUE

Q 运算符之间有优先级吗？

A 除了算术运算符遵循数学法则外，运算符之间也有优先级：

算术运算符 ＞ 文本运算符 ＞ 比较运算符

例如，在单元格中输入公式"=3&1+2="33""，结果为 TRUE。因为，该公式先计算算术运算符"1+2"，得到数字结果 3；再计算文本运算符"3&3"，得到文本计算结果 33；最后计算比较运算符"33="33""，得到最终结果为 TRUE。

公式输入	结果为
=3&1+2="33"	TRUE

如果想改变优先级，只需在计算公式里添加"()"即可。例如，将公式修改为"=3&(1+2="33")"。那么，比较运算就会排在文本运算前，公式先进行逻辑判断"1+2 是否等于"33""，得到结果为 FALSE；再进行文本连接，得到最终结果为 3FALSE。

公式输入	结果为
=3&(1+2="33")	3FALSE

7.1.2 函数的输入与类型

🖱 函数的输入

所谓函数，其实就是 Excel 内置的一种计算规则。Excel 将一些固定的算法设定为函数，然后让函数按照指定规则自动计算结果。所以，函数是公式的一种高阶用法。

有些需求，既能通过公式实现，也能通过函数实现。例如，要汇总销售额数据，如果一个表里只有 4 个数据，那么直接用公式"=A2+A3+A4+A5"即可得到结果，如果数据量变成 99 个呢？

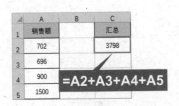

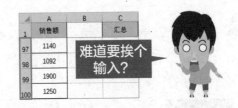

此时只需要使用求和函数 SUM 就可以轻松解决问题。在单元格里输入"=SUM(A2:A100)"，按【Enter】键即可得到结果。

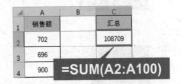

Excel 自带函数记忆输入功能，如输入"=SU"，就会弹出所有以"SU"开头的函数的下拉列表。输入的字母越多，匹配越精确。找到函数后，双击该函数；或者按键盘中的【↑】和【↓】键选择函数，然后按【Tab】键即可导入函数。导入后，函数下方会出现该函数的参数提示。

例如，要输入参数区域"A2:A5"，可以直接输入，也可以按住鼠标左键拖曳选择参数区域。选择参数区域后，别忘了输入右括号")"，然后再按【Enter】键。

但是，如果参数区域很大，例如要输入参数区域"A2:A100"，拖曳选择法就不合适了。此时可以直接输入参数区域，也可以选中 A2 单元格，按【Ctrl】+【Shift】+【↓】组合键，会自动选择"A2:A100"区域。

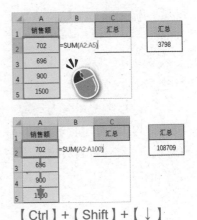

【Ctrl】+【Shift】+【↓】

①除了汉字，函数里所有的参数和符号都要在英文状态下输入；

②如果输入字母后没有出来函数下拉列表，可能是该功能被关闭了，重新打开即可，步骤如下。

STEP» ❶切换到【文件】选项卡，❷选择【选项】选项，弹出【Excel 选项】对话框，❸选择【公式】选项，❹勾选【公式记忆式键入】复选框。

除了可以直接输入函数外，Excel 还有专门存储函数的函数库，可以从里面直接调用函数。函数库以函数类型为依据分类，所以调用函数前首先得知道该函数是什么类型的。

函数的类型

在调用函数之前，首先选中单元格，然后切换到【公式】选项卡，在【函数库】组中选择相关函数即可。

函数按类型可分为逻辑、文本、日期和时间、查找与引用、数学和三角函数等。单击某个函数类型按钮，即可打开包含具体函数名称的下拉列表。

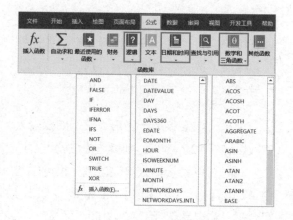

以求和函数 SUM 为例，
从【数学和三角函数】下拉
列表中选择【SUM】选项，
弹出【函数参数】对话框。
在【Number1】文本框中输
入"A2:A100"，单击【确定】
按钮，即可显示结果。

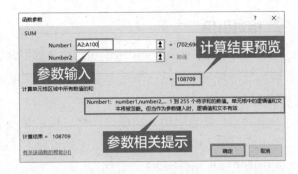

对于新手而言，推荐使用调用函数法。因为输入的东西越少，出错的概率就越低。在【函数参数】对话框中，不但有每个参数的相关提示，还有计算结果预览，可以减少出错的概率。

对职场人士而言，掌握一些常用函数的用法，就可以满足大部分的工作需求。下图所示为 Excel 中常用函数的类型及相关介绍。

函数类型	作用	代表函数
逻辑函数	用于真假值判断或复合检验	IF、OR、AND、IFS等
数学和三角函数	与数学有关的汇总计算	SUM、SUMIF、SUMIFS等
统计函数	快速统计数据	COUNT、COUNTIF、COUNTIFS等
查找与引用函数	用于查找和引用定位到的数据值	VLOOKUP、MATCH、INDEX等
日期和时间函数	进行专业的日期计算	TODAY、DATEDIF、EDATE等
文本函数	查找、转换文本数据中的字符串	LEFT、RIGHT、MID、TEXT等

7.1.3　用好单元格引用，必会 3 种方式

何为引用？例如，对 A2:A5 单元格区域求和时，不用输入每个单元格中的数据，只需要用 A2:A5 来指代 A2 单元格到 A5 单元格中的数据即可。这种用字母和数字表示单元格或单元格区域的方式，就是引用。

引用方式分为 3 种：相对引用、绝对引用和混合引用。后两种方式在第 1 种方式的基础上增加了绝对引用符号"$"。这 3 种引用方式都有各自的适用范围，是学好函数必不可少的基础知识。

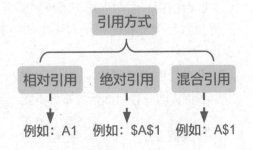

🖱 相对引用

　　相对引用：Excel 用字母代表列标、数字代表行号，组合在一起就是一个单元格相对引用地址，相对引用的作用是使单元格地址随公式的复制而发生相对变化。

　　例如，要想引用 A2:B3 单元格区域的数据，只需要在 D2 单元格中输入"=A2"，按【Enter】键后，将鼠标指针移至 D2 单元格的右下角，按住鼠标左键拖曳鼠标指针至 E3 单元格即可。

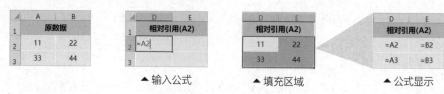

　　▲ 输入公式　　　　　▲ 填充区域　　　　　▲ 公式显示

🖱 绝对引用

　　绝对引用：在字母和数字的前面各加一个绝对引用符号"$"，就变成绝对引用，绝对引用的作用是保持单元格列标与行号的固定，使其不随公式的复制而发生变化。

　　例如，输入"=$A$2"，填充区域，复制公式后，始终引用的都是 A2 单元格的数据。

　　▲ 输入公式　　　　　▲ 填充区域　　　　　▲ 公式显示

🖱 混合引用

　　混合引用：绝对引用符号单独设置在列标或行号的前面，当公式所在单元格位置发生变化时，绝对引用的部分不变，相对引用的部分将发生相应变化。

　　绝对行引用：例如，输入"=A$2"，填充区域，复制公式后，只有列标发生了相应的变化，而行号始终不变。

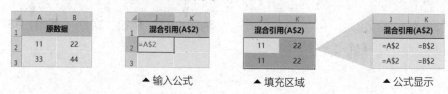

　　▲ 输入公式　　　　　▲ 填充区域　　　　　▲ 公式显示

绝对列引用：例如，输入"=$A2"，填充区域，复制公式后，只有行号发生了相应的变化，而列标始终不变。

▲ 输入公式   ▲ 填充区域   ▲ 公式显示

> **Tips**
>
> 在公式里添加绝对引用符号"$"有两种方法：
> ①在英文输入法状态下，按【Shift】+【4】组合键；
> ②以引用 A2 单元格为例，先输入公式"=A2"，然后选择"A2"，按【F4】键切换引用方式，切换时会依次按照相对引用、绝对引用、绝对行引用、绝对列引用的顺序切换，如下图所示。
>
> =A2 ➡ F4 ➡ =$A$2 ➡ F4 ➡ =A$2 ➡ F4 ➡ =$A2

7.1.4 运用公式怕出错？审核机制来帮忙

公式和函数分别有各自的规则，使用时容易出现错误。了解常见的错误类型、学习审核机制也是学习函数的一部分。

🖱 常见的错误类型

错误值 #NAME?——函数名称或文本引用

出现该错误很可能是因为函数名称输入错误，或者参数中涉及文本的内容没有加双引号。例如，下图中的求和函数 SUM，因为函数名称少输入了一个字母，所以结果显示错误；逻辑函数 IF，第 2 个和第 3 个参数是文本数据，都需要加双引号，不加双引号就会显示错误。

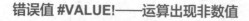

错误值 #VALUE!——运算出现非数值

不同的数据类型有不同的运算类型。例如，算
术运算只能针对数值或者文本型数值进行计算，但
如果是文本型数据，强制混合计算后，便会显示错
误值 #VALUE!。

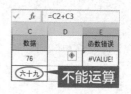

错误值 #DIV/0!——除数为 0 或空值

算术运算规则里，除数不能为 0。因此，当 Excel 公式里的除数为 0 或空
值时，就会显示错误值 #DIV/0!。

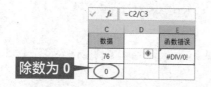

错误值 #N/A——数据匹配不正确

该错误值一般出现在与查找有关的函数中，意思是区域内没有与查找值
相匹配的值。例如，下图中 VLOOKUP 函数的参数，查找条件不在选定的查
找区域内，所以显示错误值 #N/A。

错误值 #REF!——引用位置错误

查找函数里另外一个常出现的错误值是 #REF!，表示引用位置有误。例
如，下图中 VLOOKUP 函数，正确的引用位置应该在查找区域的第 8 列。

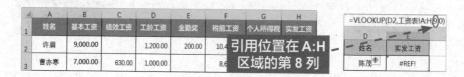

如何检查公式错误

虽然学习了常见的错误类型，但这些类型并不适用于所有情况。Excel 还提供了公式错误自动检查的功能。切换到【公式】选项卡，在【公式审核】组中可以单击不同的按钮进行排查，如下图所示。

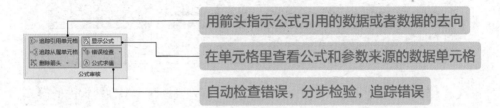

①【追踪引用单元格】按钮：选中带公式的单元格，然后单击该按钮，公式里参数引用的数据位置就会以箭头和线的方式连接在一起。例如，下图中 F2 单元格公式的参数来源就是 B2:E2 单元格区域。

②【追踪从属单元格】按钮：用于追踪下一个使用当前单元格数据的单元格。例如，H2 单元格的计算公式为"=F2-G2"，所以选中 F2 单元格，单击该按钮后，箭头指向了 H2 单元格。

该图示表示当前单元格的从属单元格在另一工作表中

要想取消这些箭头，只需要单击【删除箭头】按钮即可。

③【显示公式】按钮：单元格公式计算出结果后，一般只有编辑栏中才显示公式，但使用该功能后，可以在单元格中直接显示出完整公式，并且单元格引用区域也将一并显示出来，该功能适用于批量排查引用区域，如下图所示。

④【错误检查】按钮：当公式比较复杂，不好判断哪个参数错误的时候，可以使用该功能。【错误检查】对话框中有相关的错误提示，单击【显示计算步骤】按钮，会弹出【公式求值】对话框。

⑤【公式求值】按钮：可以分步计算公式，从而判断出错的具体位置，找到错误源头。例如，该函数的第 1 个参数"陈茂"变成了斜体，同时左下方出现计算错误提示，说明是"陈茂"这个条件与第 2 个参数无法进行运算。

7.2　使用逻辑函数，分析员工考勤情况

考勤明细表是记录员工每天上下班打卡的时间表，分析考勤情况时一般需要判断迟到、早退、旷工和请假等，所以需要逻辑函数来完成计算。

逻辑函数是一种用于真假判断或复合检验的函数。常用的逻辑函数包括 IF、OR、AND 和 IFS 等。

7.2.1 制作考勤情况判断表

下面制作考勤情况判断表，这里要判断的是每人每天的考勤，所以不需要单独做汇总表，直接在明细表里添加字段即可。新字段列的格式需要和明细表统一，具体实现步骤如下。

配 套 资 源
第 7 章 \ 部门考勤明细表 01—原始文件
第 7 章 \ 部门考勤明细表 01—最终效果

扫码看视频

STEP1» 打开本实例的原始文件，❶在 G1:J1 单元格区域输入字段名称，❷选中 F 列，❸切换到【开始】选项卡，❹单击【剪贴板】组中的【格式刷】按钮，如下图所示。

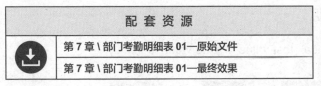

STEP2» ❶选中 G 列到 J 列，即可对其应用 F 列的数据格式，❷打开【列宽】对话框，输入"12"，❸单击【确定】按钮，完成考勤情况判断表的制作，如下图所示。

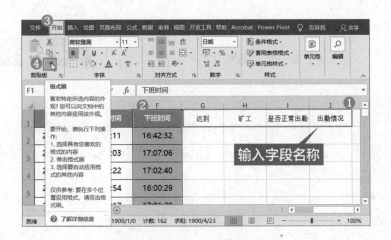

7.2.2 使用 IF 函数，判断是否迟到

下面使用 IF 函数来判断是否迟到。IF 函数的判断条件成立时，得到结果 1，不成立则得到结果 2，且只有这两种结果。本例中判断为迟到的条件是上班时间晚于早上 8:00。IF 函数的解析如下。

ƒx 函数说明

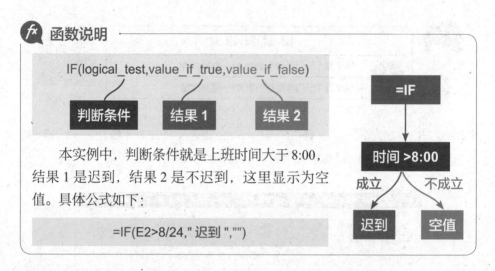

IF(logical_test,value_if_true,value_if_false)

判断条件　　结果 1　　结果 2

本实例中，判断条件就是上班时间大于 8:00，结果 1 是迟到，结果 2 是不迟到，这里显示为空值。具体公式如下：

=IF(E2>8/24," 迟到 ","")

=IF

时间 >8:00

成立　　　　　不成立

迟到　　空值

Tips　　如果函数中需要输入一个具体时间，不能按照时间格式来输入，例如 "8:00"，因为公式中的冒号是引用符号而不是时间符号，所以需要将时间转换成具体的数值。

　　Excel 里时间的基本单位是 "天"，所以 1 小时就是 1/24 天，那么 "8:00" 就是 8/24。时间转换成数值后才能参与计算。

具体操作请扫码看视频学习。

扫码看视频

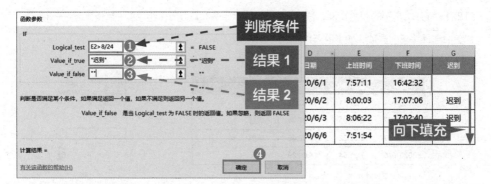

本实例判断的是迟到与否，实际工作中还会判断是否早退，方法一样，只需要将条件改为下班时间早于 17:00、结果 1 改为"早退"即可。

作为基础逻辑函数，IF 函数的用法并不复杂，把握好条件和结果的对应关系即可。

7.2.3 使用 OR 函数，判断是否旷工

下面判断是否旷工，属于旷工情况的有两种，上班时间晚于 8:30 和下班时间早于 16:30，只要满足其中一种情况即视为旷工。而 IF 函数只能判断一个条件，所以还需要引用另外的函数——OR 函数来辅助，该函数的解析和应用如下。

 函数说明

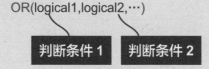

OR 函数的参数都是判断条件，只要其中一个条件成立，其逻辑值就为 TRUE。

由于 OR 函数返回的结果只有 TRUE 或 FALSE，所以常与其他函数嵌套使用。本实例就需要使用 IF 函数进行嵌套，完整公式如下：

=IF(OR(E2>8.5/24,F2<16.5/24)," 旷工 ","")

配套资源
第 7 章 \ 部门考勤明细表 03—原始文件
第 7 章 \ 部门考勤明细表 03—最终效果

扫码看视频

STEP1» 打开本实例的原始文件，选中 H2 单元格，单击【函数库】组中的【逻辑】按钮，在下拉列表中选择【IF】选项，如下图所示。

	D	E	F	G	H
1	日期	上班时间	下班时间	迟到	旷工
2	2020/6/1	7:57:11	16:42:32		
3	2020/6/2	8:00:03	17:07:06	迟到	
4	2020/6/3	8:06:22	17:02:40	迟到	
5	2020/6/6	7:51:54	16:00:29		

STEP2» 弹出【函数参数】对话框，❶在第 2 个参数文本框中输入""旷工""，❷在第 3 个参数文本框中输入""""，将光标定位到第 1 个参数文本框中，❸单击表格左侧名称框的下拉按钮，❹在弹出的下拉列表中选择【其他函数】选项，如下图所示。

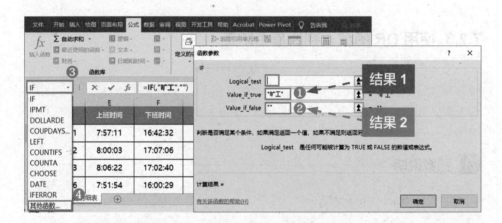

STEP3» 弹出【插入函数】对话框，❶在【搜索函数】文本框中输入"OR"，❷单击右侧的【转到】按钮，❸单击【确定】按钮，如右图所示。

STEP4» 弹出 OR 函数的【函数参数】对话框，❶在第 1 个参数文本框中输入"E2>8.5/24"，❷在第 2 个参数文本框中输入"F2<16.5/24"，❸单击【确定】按钮，如下图所示。

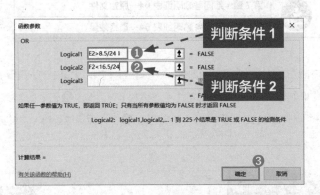

STEP5» 将 H2 单元格的公式向下填充至数据区域的最后一行，员工的旷工情况判断完毕，如右图所示。

D	E	F	G	H
日期	上班时间	下班时间	迟到	旷工
2020/6/1	7:57:11	16:42:32		
2020/6/2	8:00:03	17:07:06	迟到	
2020/6/3	8:06:22	17:02:40		
2020/6/6	7:51:54	16:00:29		旷工

向下填充

7.2.4　使用 AND 函数，判断是否正常出勤

正常出勤是指既无迟到也无早退的情况，这两个条件需要同时满足。满足这两个条件，输出结果"是"；不同时满足，则输出结果"否"。是否同时满足条件，需要用 AND 函数来判断，该函数的解析和应用如下。

 函数说明

AND(logical1,logical2,…)

判断条件 1　　判断条件 2

AND 函数与 OR 函数的参数设置一样，但只有所有条件都同时成立，结果才为真。

同理，AND 函数的输出结果也只有 TRUE 或 FALSE，所以也需要和 IF 函数进行嵌套。本实例完整公式如下：

=IF(AND(E2<8/24,F2>17/24),"是","否")

配 套 资 源
第 7 章 \ 部门考勤明细表 04—原始文件
第 7 章 \ 部门考勤明细表 04—最终效果

扫码看视频

STEP1» 打开本实例的原始文件，选中 I2 单元格，单击【函数库】组中的【逻辑】按钮，❶在下拉列表中选择【IF】选项，弹出 IF 函数的【函数参数】对话框，❷在第 2 个参数文本框中输入"" 是 ""，❸在第 3 个参数文本框中输入"" 否 ""，❹将光标定位到第 1 个参数文本框中，如下图所示。

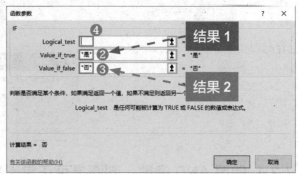

STEP2» ❶单击表格左侧名称框的下拉按钮，弹出下拉列表，❷选择【其他函数】选项，弹出【插入函数】对话框，可以看到【选择函数】列表框里第 1 个函数就是 AND 函数，选择 AND 函数，❸单击【确定】按钮，如下图所示。

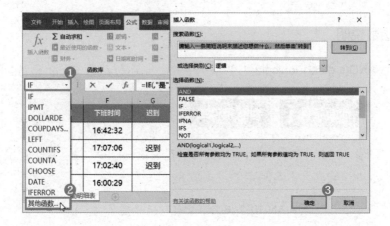

STEP3» 弹出 AND 函数的【函数参数】对话框，❶在第 1 个参数文本框中输入"E2<8/24"，❷在第 2 个参数文本框中输入"F2>17/24"，❸单击【确定】按钮，如下图所示。

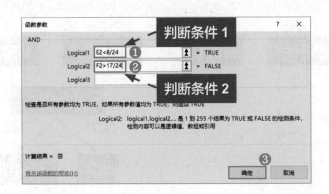

STEP4» 将 I2 单元格的公式向下填充至数据区域最后一行，正常出勤情况判断完毕，如下图所示。

	上班时间	下班时间	迟到	旷工	是否正常出勤
1					
2	7:57:11	16:42:32			否
3	8:00:03	17:07:06	迟到		否
4	8:06:22	17:02:40	迟到		否
5	7:51:54	16:00:29		旷工	否

向下填充

7.2.5 使用 IFS 函数，判断出勤情况

出勤情况还可以进行综合判断，即在一列中同时显示迟到、早退和正常出勤 3 种结果。迟到和早退的判断条件都是独立的，因此无法嵌套 OR 或 AND 函数。而 IF 函数也只能输出两种结果，那么该怎么办呢？用 IF 嵌套 IF 吗？例如以下方式：

IF 嵌套 IF ➡ =IF（E2>8/24,"迟到",IF（F2<17/24,"早退","正常出勤"））

当然，这样的嵌套是可以的，但是如果条件再多几个呢？在 Excel 2019 以上的版本中，逻辑函数里有专门的多条件判断函数——IFS 函数，它可以代替多个 IF 函数嵌套的情况，IFS 函数的解析和应用如下。

函数说明

IFS(logical_test1,value_if_true1,logical_test2,value_if_true2,…)

| 判断条件 1 | 结果 1 | 判断条件 2 | 结果 2 |

　　IFS 函数用于判断是否满足多个条件，并返回第 1 个判断结果为 TRUE 的条件对应的值。本实例需要判断两个条件，有 3 种结果。首先判断条件 1，是否迟到，如果成立，输出结果 1；不成立再判断条件 2，是否早退，如果成立，输出结果 2；都不成立，则直接定义 TRUE 值，输出结果 3。本实例完整公式如下：

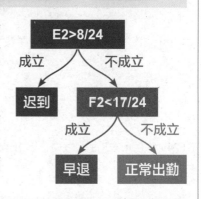

=IFS(E2>8/24," 迟到 ",F2<17/24," 早退 ",TRUE," 正常出勤 ")

配 套 资 源	
第 7 章 \ 部门考勤明细表 05—原始文件	
第 7 章 \ 部门考勤明细表 05—最终效果	

扫码看视频

STEP1» 打开本实例的原始文件，❶选中 J2 单元格，❷切换到【公式】选项卡，❸单击【函数库】组中的【逻辑】按钮，❹在弹出的下拉列表中选择【IFS】选项，如下图所示。

STEP2» 弹出【函数参数】对话框，❶在第1个参数文本框中输入"E2>=8/24"，❷在第2个参数文本框中输入""迟到""，❸在第3个参数文本框中输入"F2<=17/24"，❹在第4个参数文本框中输入""早退""，❺在第5个参数文本框中输入"TRUE"，❻在第6个参数文本框中输入""正常出勤""，❼单击【确定】按钮，如下图所示。

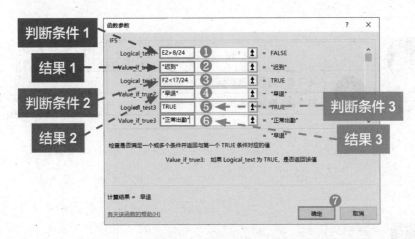

STEP3» 将 J2 单元格的函数向下填充至底，出勤情况的综合判断就完成了，如右图所示。

7.3 使用数学与三角函数，汇总商品销售额

涉及商品销售的表格，大多需要汇总销售额。如果只是汇总所有商品销售额，那么使用分类汇总或者数据透视表就可以轻松完成。但是，实际汇总中总会加上各种条件，此时使用数学与三角函数才能解决问题。

7.3.1 制作商品销售额汇总表

汇总表是在明细表的基础上实现的。为了方便函数和公式的引用，可以把汇总表和明细表放在一个表里。明细表的数据量很大，可以将汇总表放在明细表的上方，具体步骤如下。

配 套 资 源	
	第 7 章 \ 商品销售明细表 01—原始文件
	第 7 章 \ 商品销售明细表 01—最终效果

扫码看视频

STEP1» 打开本实例的原始文件，选中数据表前 3 行，单击鼠标右键，在弹出的快捷菜单中选择【插入】选项，即可插入 3 个空行，如下图所示。

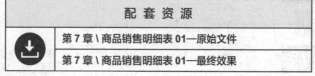

STEP2» ❶在 A1:D2 单元格区域制作汇总表，❷利用【剪贴板】组里的【格式刷】按钮，复制明细表的格式，从而美化汇总表，❸选中汇总表区域，单击【字体】组中的【边框】按钮，在弹出的下拉列表中选择【所有框线】选项，为汇总表区域添加边框，如下图所示。

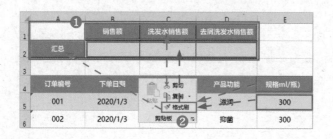

7.3.2 使用 SUM 函数，汇总所有商品销售额

下面来汇总所有商品的销售额。这时就需要使用求和函数——SUM 函数了，这个函数也是大多数用户用得最频繁的函数之一。SUM 函数的解析如下。

 函数说明

SUM(number1,number2, …)

SUM 函数的作用是返回某一单元格区域中数值型数据之和。它的参数有两种形式——单个单元格和单元格区域。

单个单元格

单元格区域

一般而言，使用第 2 种形式来表示参数，这种形式在数据量非常大的情况下非常有用，本实例的公式如下：

=SUM(H5:H821)

应注意一点，SUM 函数无法对文本型数据求和，虽然不会提示错误，但得到的结果却是 0。具体操作步骤请扫码看视频学习。

文本型数据求和结果为 0

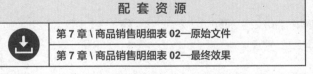

配 套 资 源
第 7 章 \ 商品销售明细表 02—原始文件
第 7 章 \ 商品销售明细表 02—最终效果

扫码看视频

7.3.3 使用 SUMIF 函数，汇总洗发水销售额

用 SUM 函数汇总时，只能求得选定区域中的数据之和。如果需要加上一个限定条件，例如求所有商品中洗发水的销售额之和，该怎么办？

前面学过 IF 函数，SUM 函数与 IF 函数相结合是不是就可以了？

没错，就是按照这个思路解决问题，不过 Excel 中有专门用于进行条件求和的函数——SUMIF 函数，该函数的解析和应用如下。

fx **函数说明**

本实例中，条件区域为包含所有条件的"产品名称"列，求和条件为洗发水，求和区域是"订单金额（元）"列，所以完整公式如下：

=SUMIF(C5:C821," 洗发水 ",H5:H821)

配 套 资 源
第 7 章 \ 商品销售明细表 03—原始文件
第 7 章 \ 商品销售明细表 03—最终效果

扫码看视频

STEP1» 打开本实例的原始文件，❶选中 C2 单元格，❷单击【函数库】组中的【数学和三角函数】按钮，❸在弹出的下拉列表中选择【SUMIF】选项，如下图所示。

	A	B	C	D
1		销售额	洗发水销售额	1 洗发水销售额
2	汇总	882342.00		

STEP2» 弹出【函数参数】对话框，❶将光标定位到第 1 个参数文本框中，选中 C5 单元格，按
【Ctrl】+【Shift】+【↓】组合键选中数据区域，❷在第 2 个参数文本框中输入""洗发水""，
❸将光标定位到第 3 个参数文本框中，选中 H5 单元格，按【Ctrl】+【Shift】+【↓】组合键
选中数据区域，❹单击【确定】按钮，如下图所示。

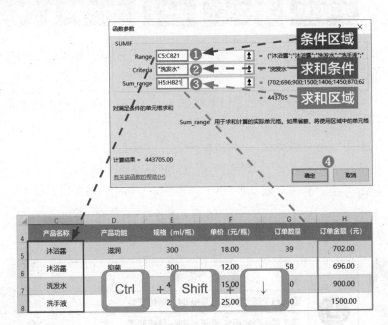

得到的结果就是所有商品中洗发水的销售额。使用条件函数要注意两
点：一是条件区域和条件的对应关系；二是条件区域和求和区域的行数必
须保持一致。

7.3.4 使用 SUMIFS 函数，汇总去屑洗发水的销售额

使用 SUMIF 函数只能进行单条件求和，当求和条件有多个时，SUMIF
函数就不适用了。例如，要汇总去屑洗发水的销售额，那么就需要设置两个
条件——洗发水和去屑，这种情况下，可以使用 SUMIFS 函数，该函数的解
析和应用如下。

函数说明

SUMIFS(sum_range, criteria_range1, criteria1, range2, criteria2, …)

| 求和区域 | 条件区域 1 | 条件 1 | 条件区域 2 | 条件 2 |

　　SUMIFS 函数的第 1 个参数是求和区域，然后是条件区域与条件，最多能设置 127 个条件。

　　本实例中，求和区域是"订单金额（元）"列，难点在于两个条件的设置：

　　①条件 1 为"洗发水"，对应区域为"产品名称"列；

　　②条件 2 为"去屑"，对应区域为"产品功能"列。

　　具体公式如下：

=SUMIFS(H5:H821,C5:C821," 洗发水 ",D5:D821," 去屑 ")

STEP1» 打开本实例的原始文件，❶选中 D2 单元格，❷单击【函数库】组中的【数学和三角函数】按钮，❸在弹出的下拉列表中选择【SUMIFS】选项，如下图所示。

STEP2» 弹出【函数参数】对话框，❶将光标定位到第 1 个参数文本框中，选中 H5 单元格，按【Ctrl】+【Shift】+【↓】组合键选中数据区域，❷将光标定位到第 2 个参数文本框中，选中 C5 单元格，按【Ctrl】+【Shift】+【↓】组合键选中数据区域，❸在第 3 个参数文本框中输入 ""洗发水""，❹将光标定位到第 4 个参数文本框中，选中 D5 单元格，按【Ctrl】+【Shift】+【↓】组合键选中数据区域，❺在第 5 个参数文本框中输入 ""去屑""，❻单击【确定】按钮，如下页图所示。

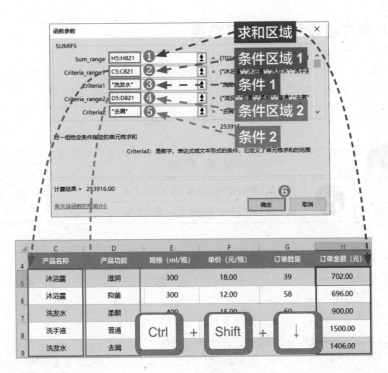

　　最后得到的结果就是去屑洗发水销售额汇总。使用 SUMIFS 函数时也需要
保持所有引用区域行数一致，不
管有多少条件，只要求和区域和
条件对应，便能正确汇总数据。

	A	B	C	D
1		销售额	洗发水销售额	去屑洗发水销售额
2	汇总	882342.00	443705.00	253916.00

7.4　使用统计函数，统计员工培训考核分布

　　对数据进行分类汇总，不一定都需要求和计算。例如，员工绩效考核
表，汇总该表数据，统计员工不同考核成绩的分布情况，此时就需要专业的
统计函数来解决该问题，例如：

①统计非空单元格个数函数——COUNTA 函数；
②统计满足某个条件的单元格个数函数——COUNTIF 函数；
③统计满足多个条件的单元格个数函数——COUNTIFS 函数等。

7.4.1 制作绩效考核人数汇总表

　　下面制作绩效考核人数汇总表。绩效考核明细表没有销售明细表那么大的数据量，列字段相对也不多，因此可以把汇总表与明细表放在同一个表中，美化和突出显示汇总表即可，具体步骤如下。

STEP1» 打开本实例的原始文件，❶在L和M两列中输入所需的字段，选中输入的内容，❷单击【字体】组中的【填充颜色】按钮右侧的下拉按钮，❸在弹出的下拉列表中选择【绿色，个性色6，淡色40%】，如下图所示。

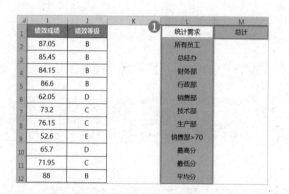
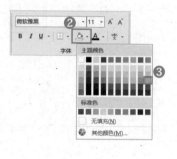

STEP2» ❶选中表格内余下的区域，单击【字体】组中的【填充颜色】按钮右侧的下拉按钮，❷在弹出的下拉列表中选择【绿色，个性色6，淡色60%】，如下图所示。

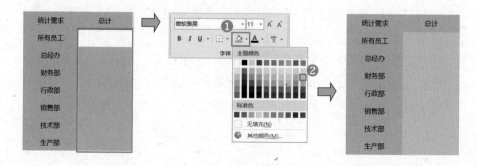

STEP3》添加网格线。❶选中表格区域，单击【字体】组中【边框】按钮右侧的下拉按钮，❷在弹出的下拉列表中选择【所有框线】选项，如右图所示。

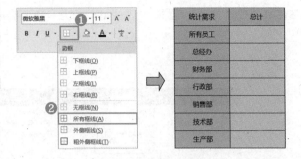

7.4.2 使用 COUNTA 或 COUNT 函数，统计员工考核人数

绩效考核人数汇总表制作完成后，就可以使用函数来统计参与考核的人数了。在对数据进行统计时，首选 COUNTA 函数，其解析及应用如下。

 函数说明

COUNTA(value1,value2, …)

该函数的作用是统计参数列表中非空值的单元格个数。

该函数参数可以是单个单元格，也可以是单元格区域。一般情况下，应选择单元格区域。

本实例需要计算所有参与考核的员工人数，只需统计绩效成绩的个数即可，完整公式如下：

=COUNTA(I2:I99)

配 套 资 源
第 7 章 \ 绩效考核明细表 02—原始文件
第 7 章 \ 绩效考核明细表 02—最终效果

扫码看视频

STEP1» 打开本实例的原始文件，选中 M2 单元格，❶切换到【公式】选项卡，❷在【函数库】
组中单击【其他函数】按钮，❸在弹出的下拉列表中选择【统计】选项，❹接着选择
【COUNTA】选项，如下图所示。

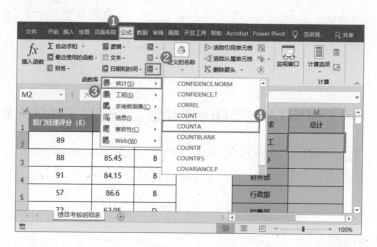

STEP2» 弹出【函数参数】对话框，❶将光标定位到第 1 个参数文本框中，选中 I2 单元格，按
【Ctrl】+【Shift】+【↓】组合键选中数据区域，❷单击【确定】按钮，如下图所示。

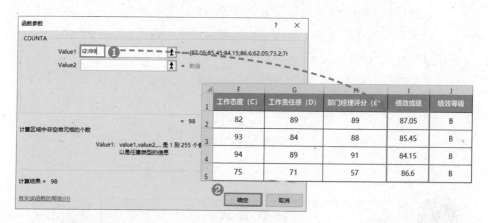

　　最后得到的便是统计汇总值。表面上看似乎
没什么问题，但是该函数也有弊端：由于只能排
除空值，所以当明细表里空值的内容以文本形式
表示时，该函数就不适用了。

	L	M
	统计需求	总计
	所有员工	98
	总经办	
	财务部	
	行政部	

回到明细表，向下查看数据，结果发现有两名员工的考核成绩信息是以"已离职"的文本形式记录的，所以理应排除这两条记录，那么该怎么统计呢？

	E 工作能力 (B)	F 工作态度 (C)	G 工作责任感 (D)	H 部门经理评分 (E)	I 绩效成绩	J 绩效等级
51	已离职	已离职	已离职	已离职	已离职	已离职
52	64	89	91	51		
53	89	65	74	54		
54	63	87	67	87	81.7	B
55	已离职	已离职	已离职	已离职	已离职	已离职

居然有离职记录，这该怎么统计个数呢？

Tips

刚才调用 COUNTA 函数时，有个函数跟它很像——COUNT 函数。

这个 COUNT 函数的用法跟 COUNTA 函数完全一样，只是 COUNT 函数的作用是统计某个区域里数值型数据的个数，其他格式的数据则全都排除。

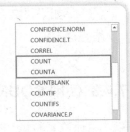

STEP3» ❶删除 M2 单元格中的结果，❷在【函数库】组中单击【其他函数】按钮，选择【统计】选项，接着选择【COUNT】选项，弹出【函数参数】对话框，❸在第 1 个参数文本框中输入"I2:I99"，❹单击【确定】按钮，如下图所示。

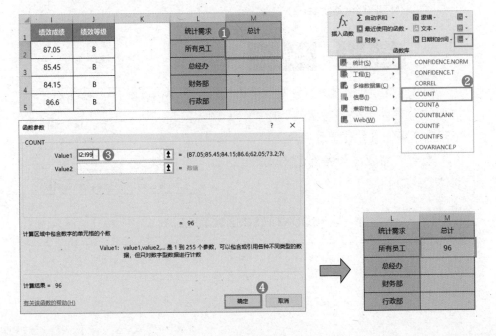

用 COUNT 函数得到的结果才是真正的参与考核的人数。因此，涉及数值型数据的统计汇总时，最好用 COUNT 函数验证一下。

　　当然，并不能据此说明 COUNT 函数优于 COUNTA 函数，如果需要统计的数据是文本型，那么 COUNT 函数则完全派不上用场。

Q **如果用COUNT函数也无法完成统计呢？**

A

　　　①说明明细表本身有很大的问题，首先应该规范明细表数据，之后再用函数统计；

　　　②如果是有针对性的条件，那么可以使用条件统计或多条件统计函数完成汇总。

7.4.3 使用 COUNTIF 函数，统计不同部门人数

　　统计总人数后，还要按部门来分类统计人数，相当于加了个限制条件。单条件的统计，可以使用 COUNTIF 函数实现，其函数解析和应用如下。

fx **函数说明**

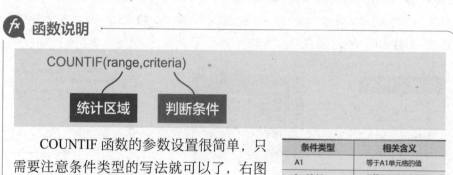

COUNTIF(range,criteria)

统计区域　判断条件

　　COUNTIF 函数的参数设置很简单，只需要注意条件类型的写法就可以了，右图所示为常用的条件类型及其含义。

　　本实例需要统计各部门的人数，因此具体公式如下：

条件类型	相关含义
A1	等于A1单元格的值
"<>"&A1	不等于A1单元格的值
">=70"	大于等于70的值
"销售部"	等于销售部的值
"*部*"	包含"部"字的值
">="&"2020/1/1"	2020/1/1以后的日期值

=COUNTIF($C$2:$C$99,L3)

Tips

统计不同部门的人数，条件就是不同部门的名称，其统计区域是一样的。

例如，求总经办的总计，M3 单元格的公式应为"=COUNTIF(C2:C99," 总经办 ")"，而 M8 单元格的公式应为"=COUNTIF(C2:C99," 生产部 ")"。从 M3 单元格到 M8 单元格，只有条件需要变而统计区域不需要变。所以，用绝对引用固定统计区域，用单元格的相对引用的方式设置条件。

具体操作步骤请扫码看视频学习。

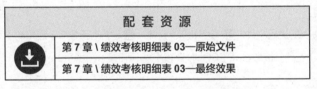

配套资源
第 7 章 \ 绩效考核明细表 03—原始文件
第 7 章 \ 绩效考核明细表 03—最终效果

扫码看视频

7.4.4 使用 COUNTIF S 函数，进行多条件统计

有单条件统计函数，自然也有多条件统计函数——COUNTIFS 函数。例如，当要求销售部绩效成绩在 70 分以上的人数时，这就涉及两个条件，可以用 COUNTIFS 函数进行统计，该函数的解析及应用如下。

fx **函数说明**

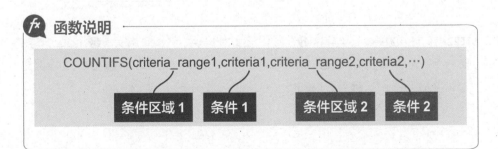

函数说明

　　所有的条件都是"与"的关系，即需要同时满足所有条件。本实例条件如下：

　　①条件 1 为"销售部"，对应区域为"部门"列；

　　②条件 2 为">70"，对应区域为"绩效成绩"列。

　　完整公式如下：

=COUNTIFS(C2:C99," 销售部 ",I2:I99,">70")

配 套 资 源
第 7 章 \ 绩效考核明细表 04—原始文件
第 7 章 \ 绩效考核明细表 04—最终效果

扫码看视频

STEP1» 打开本实例的原始文件，❶选中 M9 单元格，❷单击【函数库】组中的【其他函数】按钮，选择【统计】选项，接着选择【COUNTIFS】选项，如下图所示。

STEP2» 弹出【函数参数】对话框，❶在第 1 个参数文本框中输入"C2:C99"，❷在第 2 个参数文本框中输入""销售部""，❸在第 3 个参数文本框中输入"I2:I99"，❹在第 4 个参数文本框中输入"">70""，❺单击【确定】按钮，如下页图所示。

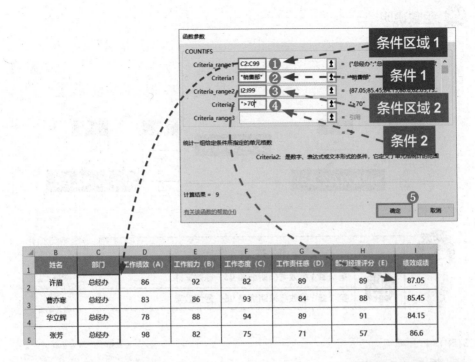

B	C	D	E	F	G	H	I
姓名	部门	工作绩效 (A)	工作能力 (B)	工作态度 (C)	工作责任感 (D)	部门经理评分 (E)	绩效成绩
许眉	总经办	86	92	82	89	89	87.05
曹亦寒	总经办	83	86	93	84	88	85.45
华立辉	总经办	78	88	94	89	91	84.15
张芳	总经办	98	82	75	71	57	86.6

最后统计出销售部绩效成绩在 70 分以上的人数是"9"，如右图所示。

L	M
统计需求	总计
生产部	31
销售部>70	9

7.4.5 使用 MAX 和 MIN 函数，求最大值和最小值

对于不会函数的人，如果想要求一组数据中的最值，一般会使用排序或者筛选的方式找到最值，然后再复制。但要想提高效率，函数还是首选。接下来介绍一下 MAX 函数与 MIN 函数的用法，其函数解析及应用如下。

 函数说明

MAX(number1,number2,⋯) MIN(number1,number2,⋯)

MAX 函数与 MIN 函数是作用相反的两个函数，前者用于求最大值，后者用于求最小值。

函数说明

　　但是，以上两个函数只能用于统计数字，如果有其他错误值或者文本型数据，则会被忽略而不会显示错误。例如，下图中同样的公式，左边的结果是正确的，而右边则忽略了区域内的文本型数据，结果是错误的。

配套资源

第 7 章 \ 绩效考核明细表 05—原始文件
第 7 章 \ 绩效考核明细表 05—最终效果

扫码看视频

STEP1» 打开本实例的原始文件，❶ 选中 M10 单元格，❷ 单击【函数库】组中的【其他函数】按钮，选择【统计】选项，接着选择【MAX】选项，如右图所示。

STEP2» 弹出【函数参数】对话框，❶ 在第 1 个参数文本框中输入"I2:I99"，❷ 单击【确定】按钮，如右图所示。

　　求最小值也是同样的方法，打开 MIN 函数的【函数参数】对话框，输入单元格区域即可。

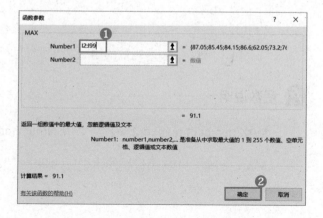

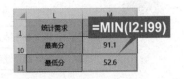

	G	H	I	J
1	工作责任感（D）	部门经理评分（E）	绩效成绩	绩效等级
2	89	89	87.05	B
3	84	88	85.45	B
4	89	91	84.15	B

	L	M
1	统计需求	=MIN(I2:I99)
10	最高分	91.1
11	最低分	52.6

7.4.6 使用 AVERAGE 函数，统计平均值

Excel 中计算平均值的函数是 AVERAGE 函数，其用法很简单，只需要
在【函数参数】对话框中输入计算区域即可。
计算平均值时需要注意一点，因为平均值 =
汇总值 / 个数，涉及除法运算，所以有可能出
现除不尽的情况，如右图所示。

	A	B	C
1	绩效成绩		平均值
2	86.6		73.9833333
3	62.15		
4	73.2		小数位太多

一般的统计结果精确到小数点后两位即可，可以通过提前设置单元格数
字格式来实现。还有一种方法是使用 ROUND 函数直接定义小数位数，该函
数的解析和应用如下。

 函数说明

ROUND(number, num_digits)　　　AVERAGE(number1,number2,…)

需要四舍五入的数字　　位数　　　　数字或区域

ROUND 属于三角函数类别，作用是按指定的位数对数值进行四舍五
入计算，其中：
①若 num_digits 为正数，则将数字四舍五入到指定的小数位；
②若 num_digits 为零，则将数字四舍五入到最接近的整数位；
③若 num_digits 为负数，则在小数点左侧前几位进行四舍五入。
这个嵌套函数并不复杂，只是用整个 AVERAGE 函数替换为 ROUND
函数的第 1 个参数 number，然后输入位数即可。本实例计算 I2:I99 单元
格区域的平均值，完整公式如下：

=ROUND(AVERAGE(I2:I99),2)

配 套 资 源
第 7 章 \ 绩效考核明细表 06—原始文件
第 7 章 \ 绩效考核明细表 06—最终效果

扫码看视频

STEP1» 打开本实例的原始文件，❶选中 M12 单元格，❷切换到【公式】选项卡，❸在【函数库】组中单击【数学和三角函数】按钮，❹在弹出的下拉列表中选择【ROUND】选项，如下图所示。

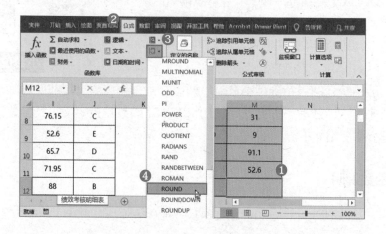

STEP2» 弹出【函数参数】对话框，❶在第 2 个参数文本框中输入 "2"，将光标定位到第 1 个参数文本框中，❷单击工作表左侧名称框的下拉按钮，❸在弹出下拉列表中选择【其他函数】选项，如下图所示。

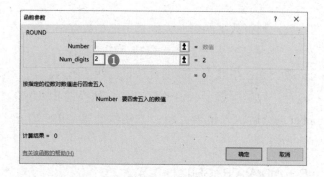

STEP3» 弹出【插入函数】对话框，❶在【搜索函数】文本框中输入"AVERAGE"，❷单击【转到】按钮，【选择函数】列表框里自动显示出【AVERAGE】选项，选择该选项，❸单击【确定】按钮，如右图所示。

STEP4» 弹出【函数参数】对话框，❶在第 1 个参数文本框中输入"I2:I99"，❷单击【确定】按钮，即可得到最终结果，结果是一个两位数的平均值，如下图所示。

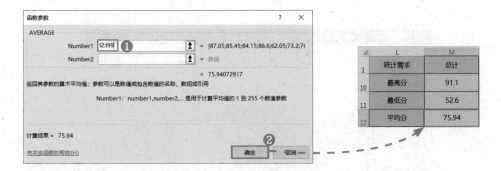

7.5 使用查找与引用函数，查询工资

员工工资表用于记录员工工资计算明细和实发工资情况，是一种明细表。涉及工资的计算都应该在明细表里完成。但是，明细表数据量很大，查找起来很不方便。要想从明细表里将实发工资查找出来，就需要使用查找与引用函数，例如：

①用于纵向查找引用数据的函数——VLOOKUP 函数；

②用于横向查找引用数据的函数——HLOOKUP 函数。

7.5.1 制作工资查询表

本实例中，员工工资表里的数据是按部门统计的，工资查询表一般需要按照员工编号升序排列数据。因此，首先需要将员工工资表中的员工编号和姓名复制出来，然后按员工编号升序排列数据，具体步骤如下。

配 套 资 源
第 7 章 \ 员工工资明细表 01—原始文件
第 7 章 \ 员工工资明细表 01—最终效果

扫码看视频

STEP1» 打开本实例的原始文件，❶新建一个工作表，重命名为"工资查询表"，❷选中全表，将行高调整为【24】，❸将列宽调整为【10】，❹切换到【开始】选项卡，❺单击【对齐方式】组中的【垂直居中】和【居中】按钮，如下图所示。

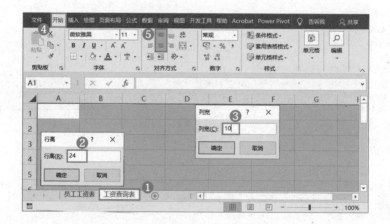

STEP2» ❶切换到【员工工资表】，选中 A、B 两列，按【Ctrl】+【C】组合键复制，❷切换到【工资查询表】，选中 A1 单元格，按【Ctrl】+【V】组合键粘贴，如下图所示。

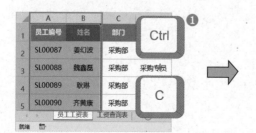

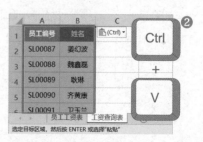

STEP3» ❶单击【排序和筛选】组中的【升序】按钮，在 C1 单元格中输入标题字段"实发工资"，
❷利用【剪贴板】组中的【格式刷】按钮修改 C 列格式，如下图所示。

7.5.2　使用 VLOOKUP 函数，纵向引用员工工资

　　实际工作中经常涉及跨表格的数据查询和引用，而原始数据大多是乱序的。因此，需要使用 VLOOKUP 函数，这是 Excel 中使用最频繁的查找函数之一，其函数解析和应用如下。

fx 函数说明

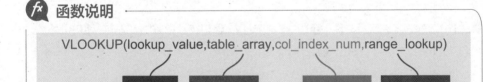

　　VLOOKUP 有 4 个参数，相对比较复杂，下面结合本小节实例来具体剖析参数设置。

　　①查找值。指定的查找条件。例如，想要查询员工工资，就要有员工姓名或员工编号这样的查找条件。

　　②查找区域。是一个至少包含一行数据的表格或者单元格区域，并且该区域的第 1 列必须含有要匹配的条件，也就是说，查找值应设为区域的第 1 列。本实例中，如果把员工姓名作为查找值，那么查找区域为"员工工资表 !A:Q"。

　　③查找列数。指定从区域的哪列取数，这个列数是从查找区域里查找值所在列开始向右计算的。本实例的查找区域为从 A 列到 Q 列，列数为 17。

　　④匹配模式。有模糊和精确两种查找模式：当该值为 TRUE 或 1 时，将查找近似匹配值，也就是说，如果找不到精确匹配值，则返回小于查找

函数说明

值的最大数值；当该值为 FALSE 或 0 时，将精确定位单元格查找，也就是说，条件值必须存在，要么是完全匹配的名称，要么是包含关键词的名称。一般情况下会设置为 0。

　　本实例将以员工编号为查找值，从员工工资表中查询每个人的实发工资，完整公式如下：

=VLOOKUP(A2,员工工资表 !A:Q,17,0)

配　套　资　源

第 7 章 \ 员工工资明细表 02—原始文件
第 7 章 \ 员工工资明细表 02—最终效果

扫码看视频

STEP1» 打开本实例的原始文件，❶选中 C2 单元格，❷切换到【公式】选项卡，❸单击【函数库】组中【查找与引用】按钮，❹在弹出的下拉列表中选择【VLOOKUP】选项，如下图所示。

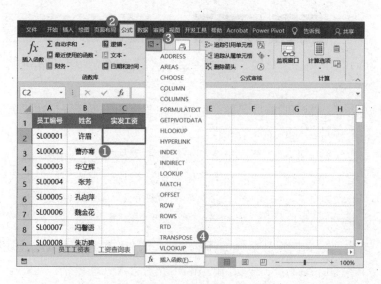

STEP2» 弹出【函数参数】对话框，❶在第 1 个参数文本框中输入"A2"，❷将光标定位到第 2 个参数文本框中，切换到【员工工资表】，选择 A:Q 数据区域，❸在第 3 个参数文本框中输入"17"，❹在第 4 个参数文本框中输入"0"，❺单击【确定】按钮，如下页图所示。

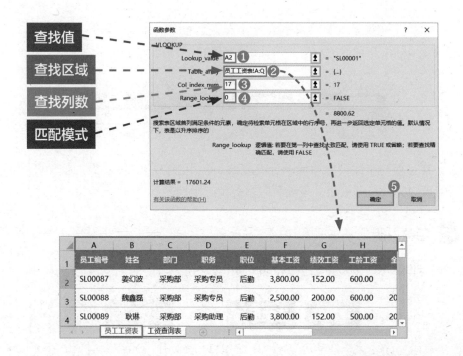

STEP3» 将 C2 单元格的公式向下填充，得到每位员工的实发工资，如右图所示。

VLOOKUP 函数在数据查询和核对方面有着广泛的应用，适用于数据量大的场景。

7.5.3 使用 HLOOKUP 函数，横向引用奖金比例

使用 VLOOKUP 函数只能在列结构表中，从左往右引用数据。相对的，也存在一个函数，能够在行结构表中，从上到下引用数据，那就是 HLOOKUP 函数。

员工工资表中的诸多数据由公式计算而来。例如，绩效工资就是在基础工资基础上乘以奖金比例计算得来。所以，要根据每个员工的绩效成绩来匹配相应的奖金比例值。

但是，绩效奖金参数表是根据分数范围来确定奖金比例的，所以和员工的绩效成绩没有精确的对应关系，那么该怎么引用呢？

	A	B	C	D	E	F
1	绩效成绩	60分以下	60~70	70~80	80~90	90分以上
2	下限值	0	60	70	80	90
3	奖金比例	0%	4%	8%	15%	30%

其实很简单，只要增加一行下限值，利用 HLOOKUP 函数的模糊匹配模式就可以完成数据引用，该函数的解析和应用如下。

 函数说明

HLOOKUP(lookup_value,table_array,row_index_num,range_lookup)

查找值　　**查找区域**　　**查找行数**　　**匹配模式**

HLOOKUP 函数的参数跟 VLOOKUP 函数几乎一样，只是第 3 个参数为"查找行数"，即自上而下第几行。

该实例需要注意两点。

①选择数据区域时，需要将区域变成绝对引用，否则填充单元格时，引用区域会发生变动而产生错误。

②由于查找值和引用区域的条件行数据不完全对应，所以第 4 个参数需要设置为 TRUE 或 1，进行模糊查找。例如，许眉的成绩为 87.05，区域内没有相同值，那么进行模糊查找。区域内小于 87.05 的最大值就是查找值，所以，从查找区域内得到的就是 80 这个数对应的值，即 15%，依次类推。

本实例对绩效成绩进行模糊查找，具体公式如下：

=HLOOKUP(B2,绩效奖金比例参数表!$B$2:$F$3,2,1)

配 套 资 源
第 7 章 \ 员工工资明细表 03—原始文件
第 7 章 \ 员工工资明细表 03—最终效果

扫码看视频

STEP1» 打开本实例的原始文件，❶选中 C2 单元格，❷单击【函数库】组中的【查找与引用】按钮，❸在弹出的下拉列表中选择【HLOOKUP】选项，如右图所示。

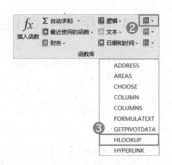

	A	B	C
1	姓名	绩效成绩	奖金比例
2	许眉	87.05	
3	曹亦寨	85.45	
4	华立辉	84.15	

STEP2» 弹出【函数参数】对话框，❶在第 1 个参数文本框中输入"B2"，❷将光标定位到第 2 个参数文本框中，切换到【绩效奖金比例参数表】，选中 B2:F3 单元格区域，❸选中第 2 个参数文本框中的"B2:F3"，按【F4】键切换为绝对引用"$B$2:$F$3"，❹在第 3 个参数文本框中输入"2"，❺在第 4 个参数文本框中输入"1"，❻单击【确定】按钮，如下图所示。

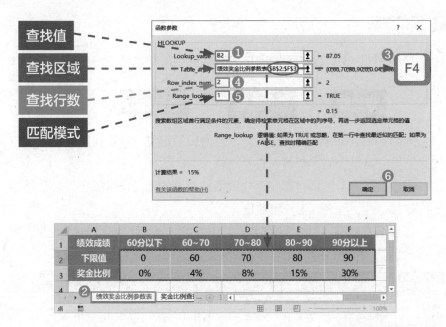

STEP3» 向下填充公式，得到每位员工的奖金比例，如右图所示。

姓名	绩效成绩	奖金比例
许眉	87.05	15%
曹亦寨	85.45	15%
华立辉		%
张芳		%
孔向萍	62.05	4%

7.5.4 使用 MATCH 函数，定位员工位置

工作中有时不需要同时查询这么多数据，或许只是想要查询某个数据，例如查询"许眉"这个人的工资明细情况，用前面的函数就略显复杂了，有没有办法直接定位数据呢？

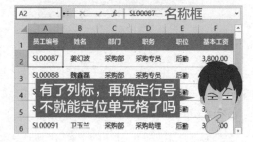

工作表的名称框可以直接定位到单元格，但前提是必须知道列标和行号。

列标可以直接看出，但行号就只能通过定位匹配函数 MATCH 函数来计算了，该函数的解析和应用如下。

函数说明

MATCH 函数的参数只有 3 个，因为只是定位查找值在区域的某个位置，结果一定是个值，有两点需要注意：

①查找区域是包含有所要查找数值的连续的单元格区域，且必须是某一行或某一列，即必须为一维数据；

②查询方式有 3 种，用数字 −1、0 或者 1 表示，省略的话将默认为 1，规则如下表所示。

查找方式	含义	数据顺序
0	精确查找，查找等于查找值的第1个数值	可无序
−1	模糊查找，查找区域中大于或等于查找值的最小值	必须降序
1	模糊查找，查找区域中小于或等于查找值的最大值	必须升序

本实例中需要进行精确查找，因此将第 3 个参数设置为 0，完整公式如下：

=MATCH(A2,员工工资表!B:B,0)

STEP1» 打开本实例的原始文件，❶选中 B2 单元格，❷单击【函数库】组中【查找与引用】按钮，❸在弹出的下拉列表中选择【MATCH】选项，如右图所示。

STEP2» 弹出【函数参数】对话框，❶在第 1 个参数文本框中输入"A2"，❷将光标定位到第 2 个参数文本框中，切换到【员工工资表】，选中 B 列，❸在第 3 个参数文本框中输入"0"，❹单击【确定】按钮得到结果，如下图所示。

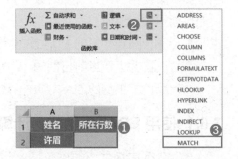

STEP3» 根据查询结果，切换到【员工工资表】，在名称框中输入"F93"，按【Enter】键会自动定位到 F93 单元格，也就是"许眉"的基本工资信息，如右图所示。

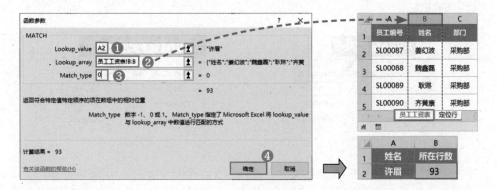

7.6 **使用日期函数，计算员工合同表日期**

日期和时间是数据表里的重要字段，尤其是员工合同表这类表格，日期信息非常重要。日期是特殊的数值，不仅可以直接运算，而且 Excel 中还有专门的日期函数，例如：

①计算合同到期日的 EDATE 函数；

②每天自动更新当前日期的 TODAY 函数；

③计算员工工龄的 DATEDIF 函数。

7.6.1 使用 EDATE 函数，计算合同到期日

合同管理表最主要的作用是存储合同信息。合同日期起始点是合同的签订日期，同时合同也是有持续期限的。根据每个员工的合同签订日期和期限，计算对应的合同到期日，是实际工作中的常见情况。

日期虽然能与数字进行算术运算，但有时得到的结果跟实际并不相符，如下图所示。

▲ 公式计算结果

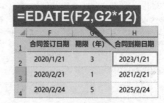

▲ 函数计算结果

正确的合同到期日应该是上方右图所示的函数计算结果。出现偏差是因为不是每一年的天数都是 365 天，上方左图中的公式无法区别不同情况。因此，才需要专业的 EDATE 函数来完成计算，其函数解析和应用如下。

fx **函数说明**

函数说明

　　EDATE 函数的作用是计算某个日期前后指定月数的日期。需要注意的是第 2 个参数，无论表格内数据的单位是什么，都要转换为月数。例如，本实例中合同期限以"年"为单位，放到函数里需要再乘以 12。

　　由于默认的单元格格式是常规格式，因此计算结果将显示为数值。在输入公式前，可以将日期列的单元格格式设置为日期格式，这样计算结果将直接显示为日期格式。本实例完整公式如下，具体操作步骤请扫码看视频学习：

$$=EDATE(F2,G2*12)$$

配 套 资 源	
	第 7 章 \ 员工合同信息表 01—原始文件
	第 7 章 \ 员工合同信息表 01—最终效果

扫码看视频

7.6.2　使用 TODAY 和 TEXT 函数，计算距到期日天数

　　合同明细表用于管理员工的合同信息，为了防止合同到期影响正常工作，需要每隔一段时间更新一次距到期日天数。可以在工作表里专门设置一列"距到期日天数"，记录距离到期日还有多少天，如右图所示。

H	I
合同到期日期	距到期日天数
2023/1/21	696
2021/2/21	-3
2025/2/24	1461

　　距到期日天数由以下两个日期计算得到。

①截止日期：合同到期日期。

②当前日期：系统显示的当天日期，直接用 TODAY 函数就可以自动获取系统日期，并且可以自动更新。

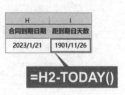

H	I
合同到期日期	距到期日天数
2023/1/21	1901/11/26

=H2-TODAY()

　　日期与日期相减只能得到日期，要想显示天数，需要将单元格格式设置为数值格式才可以，并且小数位数设置为 0，如右图所示。

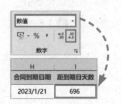

H	I
合同到期日期	距到期日天数
2023/1/21	696

该函数的解析及应用如下。

 函数说明

TODAY 函数的功能为返回日期格式的当前日期，日期可以直接参与加减运算。

本实例要计算距到期日天数，需要用合同到期日期减去当天日期，公式如下：

=H2-TODAY()

配　套　资　源
第 7 章 \ 员工合同信息表 02—原始文件
第 7 章 \ 员工合同信息表 02—最终效果

扫码看视频

STEP1» 打开本实例的原始文件，选中 I2 单元格，输入等号"="，选中 H2 单元格，然后输入减号"-"，再输入"TODAY()"，如下图所示。

⁢	F	G	H	I	J	K	L	M
1	合同签订日期	期限（年）	合同到期日期	距到期日天数	最后执行日			
2	2020/1/21	3	2023/1/21	=H2-TODAY()				
3	2020/2/21	1	2021/2/21					

STEP2» 设置完成后按【Enter】键，I2 单元格中的结果为日期格式，需要将其设置为数值格式。打开【设置单元格格式】对话框，❶在【分类】列表框中选择【数值】选项，❷将【小数位数】设置为 0，❸【负数】设置为带负号红色的格式，❹设置完成后单击【确定】按钮，如下页图所示。

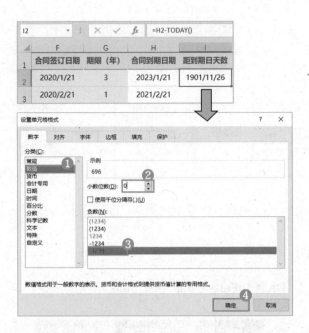

STEP3» 返回工作表，I2 单元格中的结果显示为数值了，将 I2 单元格中的公式向下填充，即可计算出所有员工的距到期日天数，如下图所示。

本实例由于使用了 TODAY 函数，因此每次打开表格时，表格中的距到期日天数会自动更新，不需要重新计算。

Tips

由于 TODAY 函数的特殊性，每次打开表格的日期不同，计算结果也不同，本实例的最终结果可以作为参考。

7.6.3 使用 DATEDIF 函数，计算员工工龄

员工工龄奖的多少与工龄有关，因此，正确计算每一位员工的工龄是极其重要的。工龄的计算与两个日期有关，一个是入职日期，另一个是当前日期。那么直接计算行吗？

答案是可以。但日期的算术运算只能得到日期结果；转换为数字后默认以"天"为单位；除以 365 后，再去除小数位才能得到以"年"为单位的工龄，如下图所示。

▲ 输公式　　　　　　　▲ 改格式　　　　　　　▲ 再计算

以上步骤用一个 DATEDIF 函数就可以完成，该函数的解析和应用如下。

 函数说明

DATEDIF(start_date,end_date,unit)

起始日期　结束日期　返回类型

DATEDIF 的作用是计算两个日期之间的间隔数，结果以年、月或日为单位显示。参数有 3 个，前两个分别是起始日期和结束日期，即参与计算的两个日期（注意，结束日期必须大于起始日期）。第 3 个参数返回类型一共有 6 种表示方式，分别有不同的含义，如下图所示。

不要漏掉双引号

返回类型	含义
"Y"	时间段中的整年数
"M"	时间段中的整月数
"D"	时间段中的天数
"MD"	起始日期与结束日期中天数的差，忽略日期中的年和月
"YM"	起始日期与结束日期中月数的差，忽略日期中的年
"YD"	起始日期与结束日期中天数的差，忽略日期中的年

本实例中，起始日期为入职日期，结束日期用 TODAY 函数获得，工龄以"年"为单位，所以返回类型为""Y""，完整公式如下：

=DATEDIF(D2,TODAY(),"Y")

Tips
DATEDIF 函数属于 Excel 的隐藏函数，函数库里没有此函数的选项，因此该函数只能手动输入。

无 DATEDIF 函数的选项

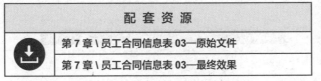

STEP1» 打开本实例的原始文件，❶选中 E2 单元格，将光标定位到编辑栏里，❷直接输入公式"=DATEDIF(D2,TODAY(),"Y")"，按【Enter】键得到结果，如下图所示。

STEP2» 将 E2 单元格的公式向下填充，即可得到所有员工的工龄，如右图所示。

7.6.4 使用 EOMONTH 函数，计算最后执行日

一般而言，合同到期后会有一段时间来处理后续的工作，如续签合同、员工交接工作等。那么距离到期日的下个月月底的这段时间称为缓冲期，下个月最后一天则为最后的期限，即最后执行日。计算这个日期也是很有必要的。虽然每个人的合同到期日并不一致，但这并不妨碍我们计算相关月份的最后一天，使用 EOMONTH 函数即可轻松实现，该函数的解析和应用如下。

函数说明

EOMONTH 函数的作用是计算起始日期本月、之后月或之前月最后一天的日期，第 2 个参数可以设为 0、正数或负数，含义如下图所示。

	A	B	C	D
1	起始日期	公式	计算结果	含义
2	2020/11/16	=EOMONTH(A2,0)	2020/11/30	本月的最后一天
3		=EOMONTH(A2,1)	2020/12/31	下个月的最后一天
4		=EOMONTH(A2,-1)	2020/10/31	上个月的最后一天

本实例需要依据合同到期日计算下个月最后一天的日期，所以起始日期为合同到期日，间隔月数设置为正数 1，完整公式如下，具体操作请扫码看视频学习：

=EOMONTH(H2,1)

配 套 资 源	
	第 7 章 \ 员工合同信息表 04—原始文件
	第 7 章 \ 员工合同信息表 04—最终效果

扫码看视频

 7.7 使用文本函数，提取员工信息表中的信息

员工信息表是人力资源管理的第一大表，用于存储员工的基本信息。这些信息，有一部分可以直接从系统里导出，有一些需要手动输入，而剩下的部分则可以基于已有的信息，使用文本函数从中提取，例如：

①从左、右两侧提取文本信息的函数——LEFT 函数、RIGHT 函数；

②从中间截取任意长度文本信息的函数——MID 函数；

③定位字符串字符位置的函数——FIND 函数。

7.7.1 使用 LEFT 函数，提取部门信息

员工信息表里有时候会出现多字段合并的情况，例如，部门和职务信息在同一个单元格内。前面提过，要分离这样的合并字段，可以使用分列和快速填充功能。除此以外，还可以使用文本函数。

右图所示是员工信息表中的部分数据，部门信息在 K 列单元格左侧，且固定为 3 个字符。在这种情况下，可以使用 LEFT 函数进行提取，其函数解析及应用如下。

ƒx 函数说明

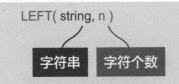

LEFT(string, n)

字符串　字符个数

LEFT 函数用于从一个文本字符串左侧的第一个字符开始，返回指定个数的字符。

字符串一般用单元格引用，从最左边开始取字符，中间不会跳过字符，如果字符个数设为 0，就返回零长度字符串（""）。

本实例需要截取的是 K 列单元格中左侧的 3 个字符，所以字符串用 K 列单元格引用，字符个数设置为 3，完整公式如下，具体操作请扫码看视频学习：

=LEFT(K2,3)

配 套 资 源
第 7 章 \ 员工信息明细表 01—原始文件
第 7 章 \ 员工信息明细表 01—最终效果

扫码看视频

7.7.2 使用 RIGHT 和 LEN 函数，提取职务信息

提取完部门信息后，还
要提取职务信息。职务信息
和部门信息不同，其字符长
度不固定，如右图所示。

从右提取文本可以使用 RIGHT 函数，其用法跟 LEFT 函数完全一致。关
键在于第 2 个参数要设置成动态变化的形式。这里就需要借助测量长度的文
本函数 LEN，RIGHT 函数和 LEN 函数的解析和应用如下。

fx 函数说明

RIGHT (string, n)   LEN(text)

| 字符串 | 字符个数 | | 待计算长度的文本 |

本实例中，虽然单元格里右侧文本的长度不定，但是左侧文本的长度
是固定的。因此，只要知道单元格内文本的总长度，再减去左侧文本固定
的长度，得到的就是每个单元格内职务信息的文本长度，完整公式如下：

=RIGHT(K2,LEN(K2)-3)

配 套 资 源
第 7 章 \ 员工信息明细表 02—原始文件
第 7 章 \ 员工信息明细表 02—最终效果

扫码看视频

STEP1» 打开本实例的原始文件，❶选中 M2 单元格，❷单击【函数库】组中【文本】按钮，❸在弹出的下拉列表中选择【RIGHT】选项，如下图所示。

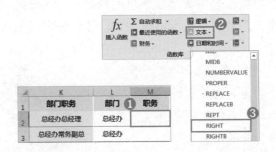

STEP2» 弹出【函数参数】对话框，❶在第 1 个参数文本框中输入 "K2"，❷在第 2 个参数文本框中输入 "LEN(K2)-3"，❸单击【确定】按钮，❹将 M2 单元格的公式向下填充，如下图所示。

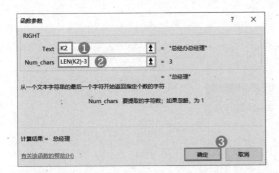 

> **Q** 既然有分列和快速填充功能，为什么还要学习文本函数呢？

> **A**
>
> 　　函数的强大之处并不在于能直接解决问题，而在于能灵活多样地解决具有相似性的问题。例如，如果本实例不是提取文本，而是用不同颜色标注文本，该怎么办呢？
>
> 　　这时候直接用条件格式功能加文本函数就可以轻松解决。这种多功能嵌套正是函数的魅力所在。在学习函数时要避免思维固化，多角度思考才能真正掌握函数。

7.7.3 使用 MID 和 FIND 函数，提取户籍市信息

　　员工信息表的户籍信息中的市级信息用处很广，常被单独提取。截取一串字符中间的文本，需要使用文本函数 MID，该函数常用于从指定位置截取固定长度的文本。

　　但本实例中市级信息文本的位置不固定，而且长度也不固定。也就是说，必须使用动态变化的数字对应表示位置和长度，才能正确提取每个单元格的市级信息文本。这里需要嵌套使用 FIND 函数，MID 函数和FIND 函数的解析和应用如下。

 函数说明

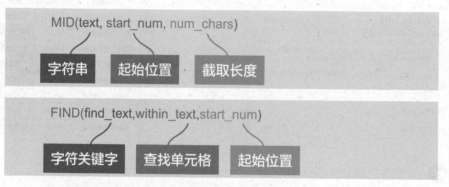

　　MID 函数的作用是从一个字符串中左起第几位开始，向右截取指定个数的字符。FIND 函数的作用是在单元格里从起始位置起查找指定关键字的位置，其第 3 个参数一般忽略直接默认为 1，即从第 1 个字符开始。FIND 函数返回的结果是数字，所以很适合嵌套 MID 函数，如下图所示。

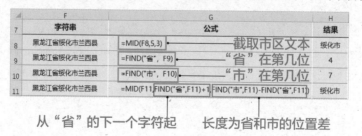

函数说明

本实例要提取省后面的市级信息，但省和市的字符位置都不是固定的，因此都需要使用 FIND 函数查找位置。

MID 函数的起始位置应该从"省"的下一个字符起，长度则需要用"市"的字符位置减去"省"的字符位置得到。这样嵌套之后才能动态提取每个单元格里的市级信息，完整公式如下：

=MID(G2,FIND(" 省 ",G2)+1,FIND(" 市 ",G2) − FIND(" 省 ",G2))

配 套 资 源
第 7 章 \ 员工信息明细表 03—原始文件
第 7 章 \ 员工信息明细表 03—最终效果

扫码看视频

STEP1» 打开本实例的原始文件，❶选中 H2 单元格，❷单击【函数库】组中【文本】按钮，❸在弹出的下拉列表中选择【MID】选项，如右图所示。

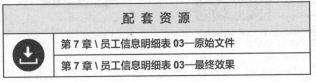

STEP2» 弹出【函数参数】对话框，❶在第 1 个参数文本框中输入"G2"，❷在第 2 个参数文本框中输入"FIND(" 省 ",G2)+1"，❸在第 3 个参数文本框中输入"FIND(" 市 ",G2)-FIND(" 省 ",G2)"，❹单击【确定】按钮，❺将 H2 单元格的公式向下填充，如下图所示。

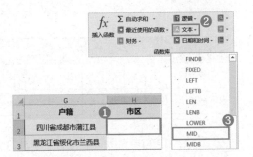

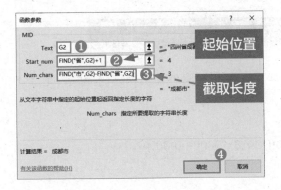

7.7.4 使用 TEXT 和 MID 函数，提取生日信息

现代网络技术的快速发展，使得很多基本信息的收集工作并不需要手动输入了。例如，员工信息表中的"姓名""手机号""身份证号""性别""户籍"等列的信息，都可以从求职登记表里直接导出。但是，也有一些信息没有直接列出，例如出生日期等，那么需要按照姓名手动挨个输入吗？

	姓名	手机号码	身份证号	性别	生日	户籍
2	许眉	138****1921	51****197604095634	男		四
3	曹亦寒	156****7892	41****197805216362	女		黑
4	华立辉	132****8996		女		湖
5	张芳	133****6398		女		黑龙江省哈尔滨市平房区
6	孔向萍	134****5986	36****196107246846	女		江西省南昌市南昌市

手动输入？
这得输到什么时候？

其实不用。身份证号码的每一位数字都有其特定的含义，不是随机生成的。其中，第 7 至 14 位数字代表每个人的出生日期，如下表所示。

编码规则	户口地址码						出生日期码								顺次和校验码			
身份证号	2	1	※	※	※	※	1	9	8	3	0	6	2	5	1	4	5	4
数位	1	2	3	4	5	6	7	8	9	10	11	12	13	14	15	16	17	18

因此，我们只需要用 MID 函数提取身份证号码的第 7 至 14 位数字就可以得到出生日期了。但是，由于用 MID 函数提取的字符与原数据的格式保持一致，而日期应该是专门的格式，所以还需要用嵌套 TEXT 函数来自定义格式才行。TEXT 函数的功能是将数字转换为指定格式的文本，如下图所示。

	A 身份证号	B MID公式	C 结果	D TEXT公式	E 结果
2	51****197604095634	=MID(A2,7,8)	19760409	=TEXT(C2,"0000-00-00")	1976-04-09

本实例需要用 TEXT 函数嵌套 MID 函数来完成生日信息的提取，完整公式如下：

=TEXT(MID(D2,7,8),"0000-00-00")

配 套 资 源

第 7 章 \ 员工信息明细表 04—原始文件

第 7 章 \ 员工信息明细表 04—最终效果

扫码看视频

STEP1» 打开本实例的原始文件，❶选中 F2 单元格，❷切换到【公式】选项卡，❸单击【函数库】组中的【文本】按钮，❹在弹出的下拉列表中选择【TEXT】选项，如下图所示。

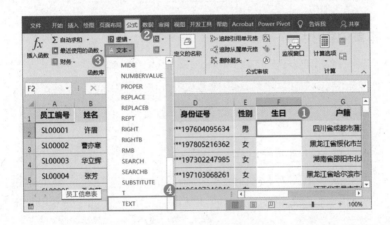

STEP2» 弹出【函数参数】对话框，❶在第 2 个参数文本框中输入""0000-00-00""，❷将光标定位到第 1 个参数文本框中，单击工作表左侧名称框的下拉按钮，❸在弹出下拉列表中选择【MID】选项，如下图所示。

STEP3» 弹出 MID 函数的【函数参数】对话框，❶在第 1 个参数文本框中输入"D2"，❷在第 2 个参数文本框中输入"7"，❸在第 3 个参数文本框中输入"8"，❹单击【确定】按钮，❺将 F2 单元格的公式向下填充，如下页图所示。

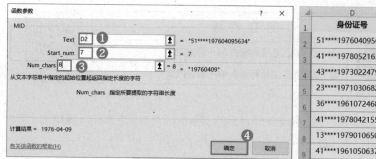

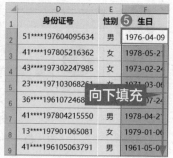

 本章内容小结

　　本章通过实例介绍了日常工作中经常使用的函数。读者不要局限于本章实例，而要着眼于函数的用法及解决问题的思路。

　　掌握函数的功能特性，并将其应用到工作中，方能使其成为提升工作效率的得力助手。

　　使用函数虽然能对数据进行大量的计算，但在专业程度上仍略显不足。当面对数学上的方程求解变量分析或者生产中经常需要的求最优解这类高阶问题时，就需要更加专业的数据分析方法，即 Excel 模拟运算分析工具。下一章将深入介绍 Excel 的高级分析工具。

第 8 章

高级分析工具的应用

- 怎么预测变量对公式结果的影响?
- 怎么求销售利润的盈亏平衡点?
- 怎么求解产能最大化的产品最优解?

使用专业数据库,
Excel 也能做模拟分析!

前一章介绍了常用公式与函数的使用方法，函数是 Excel 数据分析的学习重点，但函数不是万能的。在面对预测和模拟分析等问题时，函数难免有点"力不从心"，例如：

①怎么根据变量变化预测公式结果的变化？

②假设给定结果，如何求解唯一的变量？

③盈亏平衡点、产量最大化的最优解怎么求？

…………

这些问题从数学方程的角度看很简单，但怎么在 Excel 里实现这样的方程求解分析呢？这就涉及本章要介绍的内容——数据预测与模拟分析。

8.1　安装模拟分析工具库插件

本章要介绍的 Excel 高级分析工具分为两部分：一是【预测】组中的【模拟分析】工具，包括模拟运算表和单变量求解，二是【分析】组中的【数据分析】和【规划求解】工具。二者都在【数据】选项卡中，前者是 Excel 自带的分析工具，后者则需要单独安装。

插件的安装并不复杂，具体步骤如下。

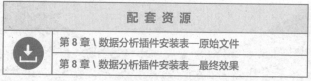

配　套　资　源
第 8 章 \ 数据分析插件安装表—原始文件
第 8 章 \ 数据分析插件安装表—最终效果

扫码看视频

STEP1» 打开本实例的原始文件，❶切换到【文件】选项卡，❷选择【选项】选项，如下页图所示。

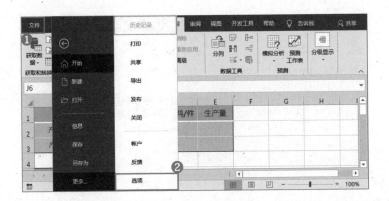

STEP2» 弹出【Excel 选项】对话框，❶选择【加载项】选项，❷在右侧对应的功能区里单击【转到】按钮，弹出【加载项】对话框，❸在列表框中勾选后 3 个复选框，❹单击【确定】按钮，如下图所示。

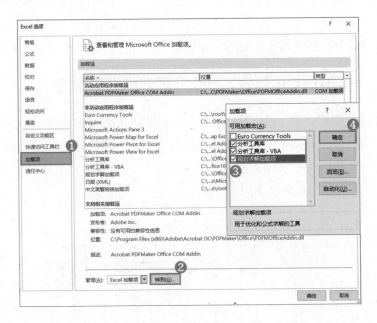

　　结果如下页图所示，可以看到【数据】选项卡中添加了【分析】组，里面有【数据分析】和【规划求解】两个功能按钮。

　　Excel 的加载项添加一次就会默认为 Excel 固有选项，所有打开的 Excel 工作簿都会有该加载项。因此，本实例的原始文件和最终效果都有该加载项。

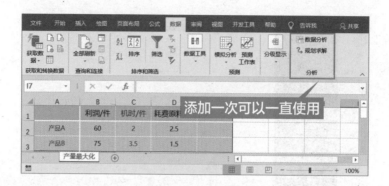

8.2　使用模拟运算表，求解变化值

　　模拟运算表适用于预测某个计算公式中一个或多个变量替换成不同值时的结果。从数学方程上理解，就是根据自变量的变化求因变量的不同结果。模拟运算表分为单变量和双变量两种类型。

8.2.1　单变量模拟运算表，一个变量对结果的影响

　　单变量模拟运算，指的是预测一个变量的不同值对公式计算结果的影响。例如，公式 $y=2x+3$，x 的不同值决定了 y 的不同结果。

　　销售分析中会经常遇到预测利润的情况，先根据销量、单价、成本等数据用公式计算出净利润，然后求不同销量下净利润的值，如下图所示。

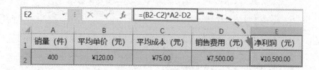

　　上图中净利润的计算公式为 $y=45x-7500$，当 x 等于 400 时，y 等于 10500。那么当 x 为 500、700、900 和 1000 时，y 是多少？模拟运算表其实就是将这些结果以表格的形式展示出来。

　　模拟运算表需要自己确定表格的两部分：一部分为指定的变量；另一部分为实际计算区域，并且这个区域的第 1 个单元格必须有包含变量的公式。使用模拟运算表求解变化值的具体步骤如下。

配 套 资 源

第 8 章 \ 销售预测表 01—原始文件

第 8 章 \ 销售预测表 01—最终效果

扫码看视频

STEP1» 打开本实例的原始文件，先制作运算表。❶在 A5:A8 单元格区域直接输入需要进行预测运算的变量值，❷在 B4 单元格中输入"=E2"，引用单元格 E2 的公式，如下图所示。

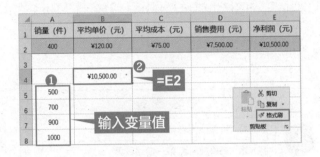

STEP2» ❶选中 A4:B8 单元格区域，❷切换到【数据】选项卡，❸单击【预测】组中的【模拟分析】按钮，❹在弹出的下拉列表中选择【模拟运算表】选项，弹出【模拟运算表】对话框，❺将光标定位在【输入引用列的单元格】文本框中，选中 A2 单元格，❻单击【确定】按钮，如下图所示。

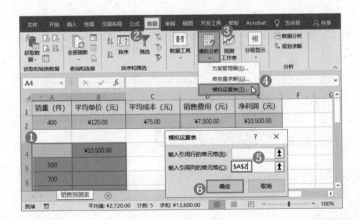

结果如右图所示，根据引用的 E2 单元格的公式，成功计算出不同销量对应的净利润值，这就是单变量模拟运算表。

	¥10,500.00
500	¥15,000.00
700	¥24,000.00
900	¥33,000.00
1000	¥37,500.00

8.2.2 双变量模拟运算表，两个变量对结果的影响

现实工作中，单变量模拟分析的局限性很大。销量不可能无缘无故地提升，一般想要增加销量，会进行降价促销，想要达到上页图中销量的增加程度（500、700、900、1000），需要将价格分别下调为115、110、105和100。

现在重新预测净利润，公式变为 $y=(z-75)x-7500$，求销量和价格同时改变时净利润值，这就是双变量模拟分析。

双变量模拟运算表同样也要自己制作，列方向放置销量变化，行方向放置价格变化，公式需要放在区域左上角的单元格中，这样才能进行模拟运算，具体步骤如下。

配套资源
第 8 章 \ 销售预测表 02—原始文件
第 8 章 \ 销售预测表 02—最终效果

扫码看视频

STEP1» 打开本实例的原始文件，❶在 A4 单元格里输入公式"=E2"，❷在 B4:E4 单元格区域输入价格变量值，❸在 A5:A8 单元格区域输入销量变量值，然后利用格式刷功能美化表格，如下图所示。

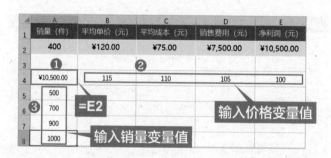

STEP2» ❶选中 A4:E8 单元格区域，❷切换到【数据】选项卡，❸单击【预测】组中的【模拟分析】按钮，❹在弹出的下拉列表中选择【模拟运算表】选项，弹出【模拟运算表】对话框，❺将光标定位在【输入引用行的单元格】文本框中，选中 B2 单元格，❻将光标定位在【输入引用列的单元格】文本框中，选中 A2 单元格，❼单击【确定】按钮，如下页图所示。

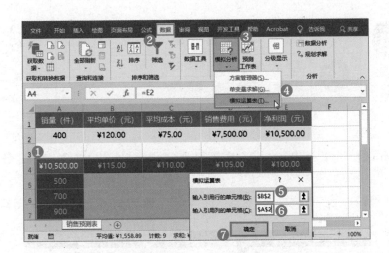

结果如下图所示，其中展示了不同销量和单价组合的求解。比起单变量，双变量模拟运算表的实用性更强。

¥10,500.00	¥115.00	¥110.00	¥105.00	¥100.00
500	¥12,500.00	¥10,000.00	¥7,500.00	¥5,000.00
700	¥20,500.00	¥17,000.00	¥13,500.00	¥10,000.00
900	¥28,500.00	¥24,000.00	¥19,500.00	¥15,000.00
1000	¥32,500.00	¥27,500.00	¥22,500.00	¥17,500.00

8.3　单变量求解，求盈亏平衡点

与模拟运算表对应的功能叫单变量求解。它的作用是，假设已知一个公式的目标值，求解其对应的变量值。其实就是公式的逆运算，给定 y 值，求对应的 x 值。

生产过程中计算盈亏平衡点时常用此功能。首先，根据公式计算出某个固定生产数量的净利润，然后利用单变量求解功能，设定净利润为 0，求解生产数量，具体步骤如下。

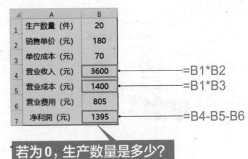

	A	B	
1	生产数量（件）	20	
2	销售单价（元）	180	
3	单位成本（元）	70	
4	营业收入（元）	3600	=B1*B2
5	营业成本（元）	1400	=B1*B3
6	营业费用（元）	805	
7	净利润（元）	1395	=B4-B5-B6

若为 0，生产数量是多少？

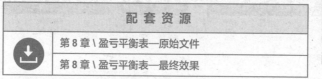

配套资源

第8章 \ 盈亏平衡表—原始文件

第8章 \ 盈亏平衡表—最终效果

扫码看视频

STEP1» 打开本实例的原始文件，❶切换到【数据】选项卡，❷单击【预测】组中的【模拟分析】按钮，❸在下拉列表中选择【单变量求解】选项，弹出【单变量求解】对话框，❹将光标定位到【目标单元格】文本框中，选中 B7 单元格，❺在【目标值】文本框中输入"0"，❻将光标定位到【可变单元格】文本框中，选中 B1 单元格，❼单击【确定】按钮，如下图所示。

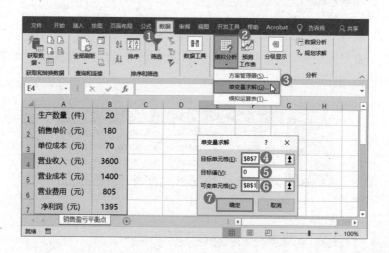

STEP2» 弹出【单变量求解状态】对话框，然后进行求解过程（此过程有一定时间），【当前解】变为0时，说明计算过程结束，单击【确定】按钮，即可得到最终结果。结果将在原表上显示，净利润变为0，同时生产数量变为计算的结果，如下图所示。

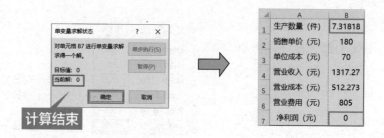

计算结束

8.4 规划求解，找到利润最大化产量最优解

使用规划求解功能可通过更改其他单元格的值来确定某个单元格的最大值或最小值。它主要用来解决在一定约束条件下，如何让资源得到最优利用的问题，例如生产中常遇到的求产量最优解问题。

下图所示为某个车间生产的两种产品，单就利润来说，好像是 B 产品生产量越多总利润就越高。但实际生产中，利润高的产品往往要耗费更多的成本，而工厂能拿出的成本是有限的。在这些约束条件下，单纯生产收益高的产品是不正确的，使用数据模型求出最优组合搭配才是正确的解法。

用料明细 ———

	A	B	C	D	E
1		利润/件	机时/件	耗费原料/件	生产量
2	产品A	60	2	2.5	
3	产品B	75	3.5	1.5	
4					
5	机时配额	650		实际机时	0
6	原料配额	500		实际用料	0
7				总利润	0

约束条件 ———

——— 规划求解的值

=C2*E2+C3*E3
=D2*E2+D3*E3
=B2*E2+B3*E3

规划求解分为以下 3 个部分。

①根据用料明细用公式计算出目标值，并且公式中必须包含规划求解的值。本实例中目标值为"总利润"，公式是"=B2*E2+B3*E3"，规划求解的值为 E2 和 E3 单元格，即两种产品的生产量。

②约束条件有 4 个，实际机时和实际用料都要根据生产量用公式表示出来，并且必须小于等于规定的约束条件值，同时因为产品必须表示为整数，所以求解的 E2 和 E3 单元格都要加上整数条件限制。

③根据目标值和约束条件，实现规划求解。

具体步骤如下。

扫码看视频

STEP1» 打开本实例的原始文件，❶切换到【数据】选项卡，❷单击【分析】组中的【规划求解】按钮，如下图所示。

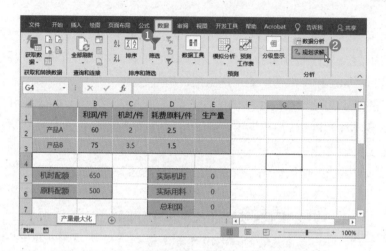

STEP2» 弹出【规划求解参数】对话框，❶将光标定位在【设置目标】文本框中，选中 E7 单元格，❷将光标定位在【通过更改可变单元格】文本框中，选中 E2:E3 单元格区域，❸单击【添加】按钮，开始添加约束条件，如右图所示。

STEP3» 弹出【添加约束】对话框，❶将光标定位在【单元格引用】文本框中，选中 E5 单元格，❷在中间的下拉列表中选择【<=】选项，❸将光标定位在【约束】文本框中，选中 B5 单元格，❹单击【确定】按钮，如右图所示。

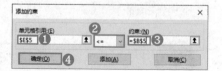

STEP4» 回到【规划求解参数】对话框，再次添加条件，依次添加 3 个约束条件，具体设置如下图所示。

STEP5» 添加完所有的约束条件后，❶【遵守约束】列表框中会显示出所有的约束条件，确认无误后，❷单击【求解】按钮，如右图所示。

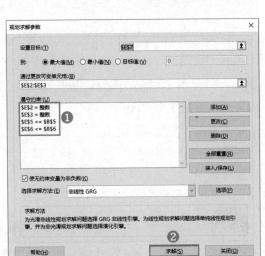

STEP6» 弹出【规划求解结果】对话框，这个过程中，原数据表会自动显示出相应的结果，如果想保留结果，那么保持【保留规划求解的解】单选钮的选中状态，单击【确定】按钮（如果选中【还原初值】单选钮，数据表不会保留结果），如下图所示。

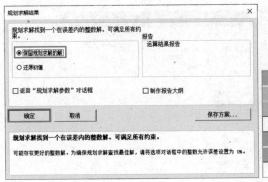

规划求解结果

	利润/件	机时/件	耗费原料/件	生产量
产品A	60	2	2.5	134
产品B	75	3.5	1.5	109

最大利润值

机时配额	650		649.5
原料配额	500	实际用料	498.5
		总利润	16215

8.5　使用分析工具库，专业分析数据

　　Excel 的分析工具库包括描述统计、相关系数、指数平滑等 19 种统计方法。和专业的统计分析软件相比，分析工具库根植于 Excel，上手容易，操作简单，能在提高分析效率的同时降低出错的概率。

8.5.1　使用方差分析工具，验证显著性差异

　　这里所说的方差分析指的是单因素方差分析，用于完全随机的多个样本均数间的比较，以及推断各样本所代表的均数是否存在显著性差异。

　　公司让小刘对市场部员工进行月度考核，要从 3 个方面进行评分。评分结果出来后，需要对每位员工的 3 项评分是否存在显著性差异进行分析，具体步骤如下。

	A	B	C	D	E
1	部门	员工姓名	出勤得分	课堂评分	测试得分
2	市场部	王强	65	71	66
3	市场部	金成坤	88	50	88
4	市场部	蒋涵茵	91	78	92
5	市场部	吴雁	96	81	92
6	市场部	张雁	72	72	71

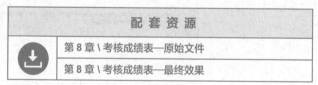

配套资源

第 8 章 \ 考核成绩表—原始文件

第 8 章 \ 考核成绩表—最终效果

扫码看视频

STEP1» 打开本实例的原始文件，❶切换到【数据】选项卡，❷单击【分析】组中的【数据分析】按钮，如下图所示。

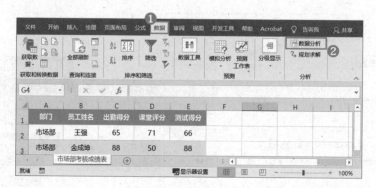

STEP2» 弹出【数据分析】对话框，❶在【分析工具】列表框中选择【方差分析：单因素方差分析】选项，❷单击【确定】按钮，如右图所示。

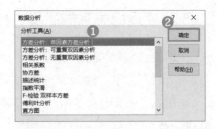

STEP3» 弹出【方差分析：单因素方差分析】对话框，❶将光标定位到【输入区域】文本框中，选中 B2:E11 单元格区域，❷选中【行】单选钮，❸勾选【标志位于第一列】复选框，❹选中【输出区域】单选钮，❺将光标定位在后面的文本框中，选中 H1 单元格，❻单击【确定】按钮，如右图所示。

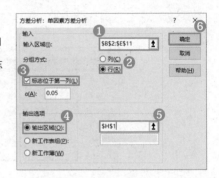

方差分析结果主要分为以下两部分。

第 1 部分为总括部分，这里主要查看方差值的大小。值越小，说明差异性越小，样本间数据越稳定。从右图中可以看出，有两位员工的方差值非常大，说明这两位员工的 3 个成绩评分差异大。客观起见，可以对这两位员工再进行一次评分以做参考。

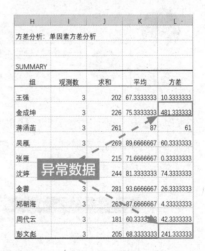

第 2 部分为方差分析部分，需要特别关注 P 值的大小，P 值越小，代表区域越大。如果 P 值小于 0.05，就需要继续深入分析；如果大于等于 0.05，说明所有员工的评分没有太大差异。

当前 P 值为 0.00644969，小于 0.05，说明组间存在数据差异过大的数值，有深入分析的必要。

差异源	SS	df	MS	F	P-value	F crit
组间	3399.36667	9	377.707407	3.769535	0.00644969	2.39281411
组内	2004	20	100.2			
总计	5403.36667	29				

8.5.2 使用相关系数工具，确定变量相关性

　　相关系数是描述两个测量值变量之间离散程度的指标，即确定两个测量值变量的变化是否相关，有正相关、负相关和不相关 3 种情况。

　　例如，公司让小刘对上半年的销售收入和支出情况进行分析，想看看销售收入与人工成本、管理费用和广告费用之间有无相关性，这就需要用到相关系数工具了，具体步骤如下。

	A	B	C	D	E
1	月份	销售收入（万元）	人工成本（万元）	管理费用（万元）	广告费用（万元）
2	1月	10.25	2.1	0.78	3.2
3	2月	12.45	2.2	0.89	3.9
4	3月			0.82	4.6
5	4月	15.9	2.3	0.79	5.1
6	5月	17.6	2	0.85	6.3
7	6月	18.1	2.4	0.88	6.8

有关系吗?

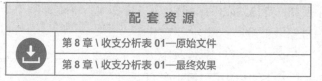

配　套　资　源

第 8 章 \ 收支分析表 01—原始文件

第 8 章 \ 收支分析表 01—最终效果

扫码看视频

STEP1» 打开本实例的原始文件，❶切换到【数据】选项卡，❷单击【分析】组中的【数据分析】按钮，弹出【数据分析】对话框，❸在【分析工具】列表框中选择【相关系数】选项，❹单击【确定】按钮，如下图所示。

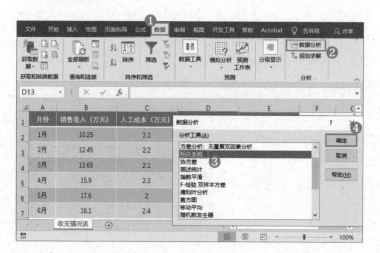

STEP2» 弹出【相关系数】对话框，❶将光标定位到【输入区域】文本框中，选中 B1:E7 单元格区域，❷选中【逐列】单选钮，❸勾选【标志位于第一行】复选框，❹选中【输出区域】单选钮，❺将光标定位在后面的文本框中，选中 H1 单元格，❻单击【确定】按钮，如右图所示。

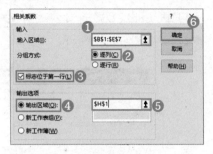

　　结果如下图所示，相关系数的取值范围为 −1~1，越接近临界值，相关性越强。从下图中可以看出：销售收入和广告费用的相关系数高达 0.983261949，接近于 1，属于高度正相关；销售收入和其他费用之间的相关系数也为正数但数值不高，属于中度正相关。

　　综上所述，对销售收入影响最大的是广告费用。

	H	销售收入（万元）	人工成本（万元）	管理费用（万元）	广告费用（万元）
2	销售收入（万元）	1			
3	人工成本（万元）	0.338076427	1		
4	管理费用（万元）	0.395020882	0.251426843	1	
5	广告费用（万元）	0.983261949	0.322827213	0.442676338	1

8.5.3　使用协方差工具，探究变量影响程度

　　协方差工具是探究不同变量对结果的影响程度，从结果上看，和相关系数工具的功能类似，操作方法也一样。但协方差没有取值范围的限制，数值越大，说明影响程度越大。

　　下面对前一小节的实例使用协方差工具再做一次分析，看看能否得出同样的结论，具体步骤如下。

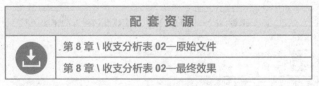

配套资源
第 8 章 \ 收支分析表 02—原始文件
第 8 章 \ 收支分析表 02—最终效果

扫码看视频

STEP1» 打开本实例的原始文件，❶切换到【数据】选项卡，❷单击【分析】组中的【数据分析】按钮，弹出【数据分析】对话框，❸在【分析工具】列表框中选择【协方差】选项，❹单击【确定】按钮，如下图所示。

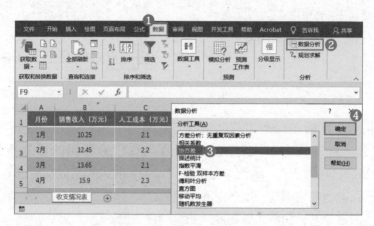

STEP2» 弹出【协方差】对话框，❶将光标定位到【输入区域】文本框中，选中 B1:E7 单元格区域，❷选中【逐列】单选钮，❸勾选【标志位于第一行】复选框，❹选中【输出区域】单选钮，❺将光标定位在后面的文本框中，选中 H1 单元格，❻单击【确定】按钮，如右图所示。

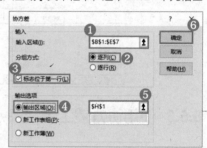

　　结果如下图所示，可以看到在影响销售收入的 3 种费用中，广告费用的协方差数据远高于其他两个费用，进一步说明广告费才是销售收入的主要推动力。因此，公司下半年的销售政策的重点应该在营销上，必要时可以加大对广告费用的投入。

	H	销售收入（万元）	人工成本（万元）	管理费用（万元）	广告费用（万元）
1					
2	销售收入（万元）	7.8945138889			
3	人工成本（万元）	0.127638889	0.018055556		
4	管理费用（万元）	0.0465 1667	0.001416667	0.001758333	
5	广告费用（万元）	3.485138889	0.054722222	0.023416667	1.591388889

8.5.4 使用指数平滑工具，预测未来销售额

指数平滑法是生产预测中常用的一种方法，也用于预测中短期经济发展趋势，其原理是任意一期的指数平滑值都是本期实际观察值与前一期指数平滑值的加权平均。据平滑次数不同，指数平滑法分为一次指数平滑法、二次指数平滑法和三次指数平滑法等。

一次指数平滑法公式：$S_t=\alpha Y_t+(1-\alpha)S_{t-1}$

其中 t 为时间；S 为平滑值；Y 为实际值；α 为平滑系数，取值范围为 [0,1]。从公式中可以看出，S 值的大小取决于 α 值的设置，但 α 的取值又容易受主观影响，因此合理确定 α 的值十分重要。一般来说，如果数据波动较大，α 值应取大一些；如果数据波动平稳，α 值应取小一些，如右图所示。

时间序列的发展趋势	平滑系数 α
当时间序列呈现较稳定的水平趋势时	0.05~0.2
当时间序列有波动，但长期趋势变化不大时	0.1~0.4
当时间序列波动很大，长期趋势变化幅度较大，呈现明显且迅速的上升或下降趋势时	0.5~0.8
当时间序列数据是上升(或下降)的发展趋势时	0.6~1

在实际应用中，预测者应该结合实际对象的变化规律多取几个 α 值进行试算，最后选取预测误差最小的一组。例如，右图所示为公司销售部统计的年度销售额汇总表，根据以往数据预测 2021 年销售额。可以看到，这几年的数据虽有波动，但没有明显的变化规律，因此平滑系数选择范围为 0.1~0.4。本例中使用指数平滑工具预测未来销售额的具体步骤如下。

	A	B
1	年份	销售额（万元）
2	2015	3695
3	2016	4536
4	2017	4269
5	2018	5132
6	2019	5236
7	2020	4479
8	2021	

配套资源	
第 8 章 \ 销售年度统计表—原始文件	
第 8 章 \ 销售年度统计表—最终效果	

扫码看视频

STEP1» 打开本实例的原始文件，❶在 C1:F1 单元格区域中分别输入想计算的 α 值字段，然后利用格式刷功能统一格式，❷切换到【数据】选项卡，❸单击【分析】组中的【数据分析】按钮，弹出【数据分析】对话框，❹在【分析工具】列表框中选择【指数平滑】选项，❺单击【确定】按钮，如下页图所示。

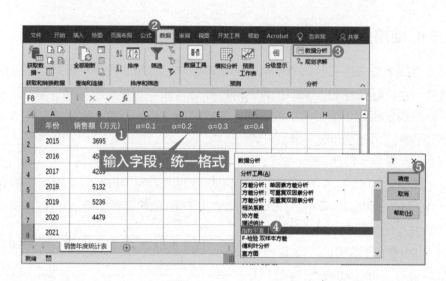

输入字段，统一格式

STEP2» 弹出【指数平滑】对话框，❶将光标定位到【输入区域】文本框中，选中 B1:B7 单元格区域，根据公式"阻尼系数 =1 – 平滑系数"，❷在【阻尼系数】文本框中输入"0.9"，❸勾选【标志】复选框，❹将光标定位在【输出区域】文本框中，选中 C2 单元格，❺单击【确定】按钮，如右图所示。

STEP3» 此时得到平滑系数为 0.1（阻尼系数为 0.9）时的指数平滑值。因为还需要计算另外 3 个不同 α 值的平滑值以做参考，所以按照前面的步骤依次计算，如右图所示。

	A	B	C	D	E	F
1	年份	销售额（万元）	α=0.1	α=0.2	α=0.3	α=0.4
2	2015	3695	#N/A			
3	2016	4536	3695		按同样的步	
4	2017	4269	3779.1		骤依次计算	
5	2018	5132	3828.09			
6	2019	5236	3958.481			
7	2020	4479	4086.2329			
8	2021					

STEP4» 经过对比发现，当平滑系数为 0.4 时，预测值与实际值最为接近，因此这里选用 α =0.4 的指数平滑公式。❶选中 F7 单元格，在编辑栏中就可以看到相关公式，❷选中 B8 单元格，输入公式"=0.4*B7+0.6*F7"，按【Enter】键即可得到最终结果，如下页图所示。

| F7 | ▼ | : | × | ✓ | fx | =0.4*B6+0.6*F6 |

	A	B	C	D	E	F
1	年份	销售额（万元）	α=0.1	α=0.2	α=0.3	α=0.4
2	2015	3695	#N/A	#N/A	#N/A	#N/A
3	2016	4536	3695	3695	3695	3695
4	2017	4269	3779.1	3863.2	3947.3	4031.4
5	2018	5132	3828.09	3944.36	4043.81	4126.44
6	2019	5236	3958.481	4181.888	4370.267	4528.664 ❶
7	2020	4479	4086.2329	4392.7104	4629.9869	4811.5984
8	2021					

	A	B
1	年份	销售额（万元）
2	2015	3695
3	2016	4536
4	2017	4269
5	2018	5132
6	2019	5236
7	2020	4479
8	2021	4678.55904

=0.4*B7+0.6*F7 ❷

　　通过使用指数平滑工具，我们预测了 2021 年的销售额，这样的预测值对制订下一年的销售计划有着指导意义。因此，使用指数平滑工具进行预测是实际工作中的必备技能之一。

本章内容小结

　　本章主要介绍了 Excel 的数据模拟分析和分析工具库，它们极大地提高了办公过程中数据分析的效率，而且使用简单。

　　下一章将从数据查看和打印的角度，看看有哪些实用的技巧能帮助我们更方便地完成工作。

第 9 章

查看与打印工作表

- 数据字段太多怎么浏览？
- 对比数据怎么高效快捷？
- 打印表格怎么布局排版？
- 多页打印怎么添加标题？

既要看着舒服，
又要打印效果好。

在 Excel 里制作的表格首先要满足查看和对比数据的需求，这听起来似乎很简单，但是面对一张张表格，如果不学会一些提升工作效率的技巧，处理起来会耗费大量精力，甚至产生错误。

查看数据有两种方式：一种是直接在计算机上查看 Excel 表格，另一种是将表格打印出来查看。无论哪种方式，都可以通过菜单栏里不同的选项来提升工作效率。

9.1　查看人事档案表数据，按需切换查看方式

查看工作表时，可以使用【视图】选项卡里【工作簿视图】【缩放】【窗口】组中的选项，按照需求来切换查看方式。

9.1.1　查看工作簿视图，分页预览与页面布局

打开工作表后，切换到【视图】选项卡，【工作簿视图】组中一共有 4 种模式可以选择。

①普通。Excel 默认的模式，同时也是使用频率最高的模式。在该模式下，可以最大化地使用 Excel 的功能。在工作表操作界面的右下角有 3 种模式的快捷方式，单击即可切换，如下图所示。

②分页预览。该模式其实就是打印预览，一般当表格字段内容很多时，系统会默认分页打印，而分页预览可以提前看到打印效果。中间蓝色的线代表分页符，可以通过移动分页符的方式重新划分区域，如下页图所示。

③页面布局。该模式和【分页预览】模式类似，也是为打印服务的，但可以设置页眉页脚，并且只要设置一次即可覆盖所有的表，如下图所示。

④自定义视图。在前面的章节里，做数据分析时都会从原始表里复制或引用一部分数据到另外的表上。但是如果只是为了查看，另做很多表格就没有必要了。这时就需要【自定义视图】模式，它可以将当前操作界面的表格按名称单独保存并且不会占用表格空间，查看时只需选择相应的名称即可调出，具体步骤如下。

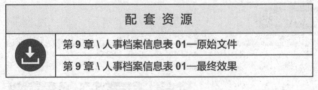

配套资源

第9章\人事档案信息表01—原始文件

第9章\人事档案信息表01—最终效果

扫码看视频

STEP1» 打开本实例的原始文件，❶使用筛选功能筛选出部门列中的生产部数据，❷切换到【视图】选项卡，❸单击【工作簿视图】组中的【自定义视图】按钮，弹出【视图管理器】对话框，❹单击【添加】按钮，如下页图所示。

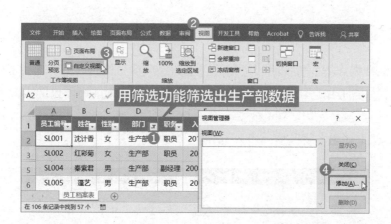

STEP2》 弹出【添加视图】对话框，❶在【名称】文本框中输入"生产部"，❷单击【确定】按钮，如右图所示。

STEP3》 验证视图。❶取消"部门"列的筛选模式，❷切换到【视图】选项卡，❸单击【工作簿视图】组中的【自定义视图】按钮，弹出【视图管理器】对话框，❹选择刚刚设置的【生产部】选项，❺单击【显示】按钮，如下图所示。

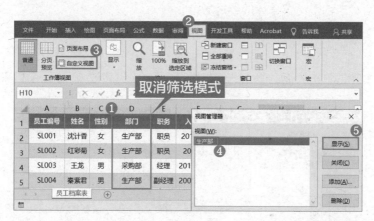

结果如右图所示，可以看到操作界面马上切换为提前做好的筛选表。在原始表里需要频繁切换以查看不同条件下的数据时，使用【自定义视图】模式是不错的选择。

9.1.2 显示与缩放数据，快速查看更方便

Excel 操作界面里的编辑栏和标题虽然是数据分析时的重要辅助工具，但在查看数据时用处不大，因此可以将其隐藏。方法跟前面讲过的去除网格线操作一样，也是先切换到【视图】选项卡，然后取消勾选【显示】组中的【编辑栏】和【标题】复选框，如下图所示。

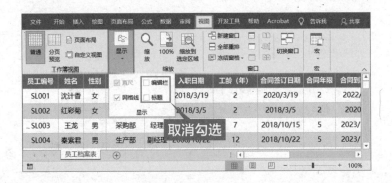

在计算机上查看表格的优势之一是可以任意缩放界面，实现数据总览或者局部放大的效果，实现这一效果有 3 种方式。

第 1 种是切换到【视图】选项卡，单击【缩放】组中的【缩放】按钮，在弹出的对话框中设置具体的缩放数值。

第 2 种是在操作界面中按住【Ctrl】键，滑动鼠标中间的滚轮，实现页面缩放。

第 3 种是单击界面右下角的缩放按钮，【＋】代表放大，【－】代表缩小。

9.1.3 查看数据对比，拆分和多窗口查看

在 Excel 操作界面中处理数据时，有时需要对不同工作表内的数据进行核对，可以把当前窗口拆分成几个独立的窗格，然后独立控制以便核对。使用【窗口】组中的【拆分】按钮可以实现该功能，如下图所示。

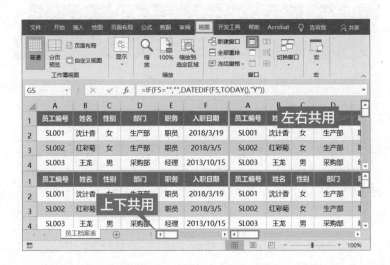

拆分是指以选中单元格为依据添加十字拆分线，将当前窗口分为 4 个窗格，同时增加控制显示的滑块。

使用该功能只能将窗口拆分为固定的 4 个窗格，无法控制数量。例如，如果想对比"王龙"和"冯梓涵"的档案信息，那么只需要两个独立窗口，这时使用【新建窗口】选项再创建一个窗口即可，具体步骤如下。

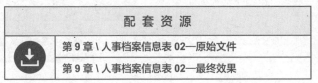
STEP1» 打开本实例的原始文件，❶切换到【视图】选项卡，❷单击【窗口】组中的【新建窗口】按钮，如右图所示。

STEP2» 弹出一个跟原表一样的表格窗口，重新设置排列方式。❶切换到【视图】选项卡，❷单击【窗口】组中的【全部重排】按钮，弹出【重排窗口】对话框，❸选中【垂直并排】单选钮，❹单击【确定】按钮，如下图所示。

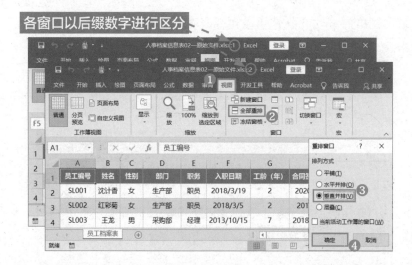

　　拆分效果如下图所示，可以看到两个窗口并列排列，这样对比数据时会更加方便。而且新建窗口时对数量没有限制，排列方式也更加多样，视觉效果更好，更有利于提高查看效率。

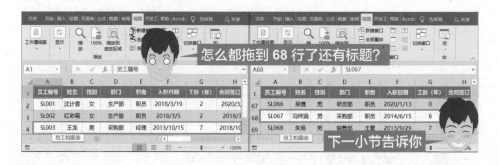

Tips

　　①无论新建多少个窗口，都会默认为同一个工作簿，保存时也只会保存到一个工作簿中。

　　②"全部重排"效果只用于临时查看，不会保存到文件中。

9.1.4　查看数据时始终显示标题，冻结窗格

　　大多数人在查看表格数据时会遇到一个问题：由于数据太多，向下滚动数据行时往往会忘记每列对应的标题，从而必须来回滚动查看。那么，有没有什么办法能让标题行始终显示呢？

　　还记得上一小节的最终效果里右侧的表格拖到第 68 行依然能显示标题吗？其实是因为使用了冻结首行功能，具体步骤如下。

配套资源	
第 9 章 \ 人事档案信息表 03—原始文件	
第 9 章 \ 人事档案信息表 03—最终效果	

扫码看视频

STEP1» 打开本实例的原始文件，❶切换到【视图】选项卡，❷单击【窗口】组中的【冻结窗格】按钮，❸在弹出的下拉列表中选择【冻结首行】选项，如下图所示。

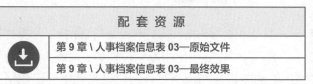

STEP2» 拖曳界面右侧的滑块，可以发现无论向下拖动多少行，第 1 行标题始终显示在界面内，如下图所示，说明首行固定成功。

此外，还有冻结首列功能，它用于处理列字段众多的情况，步骤和冻结首行一样，如下图所示。

本实例中，首列对应的标题是"员工编号"，实际我们想要固定的是"姓名"列，因此需要冻结两列，这时使用冻结首列功能就不能满足需求了。

这里需要使用的功能是冻结窗格。该功能是以选中的单元格的左顶点为冻结点，得到十字冻结线，然后冻结上方的行区域和左侧的列区域，因此选好冻结单元格是重点。本实例应该先选中 C2 单元格，然后选择【冻结窗格】选项，如下图所示。

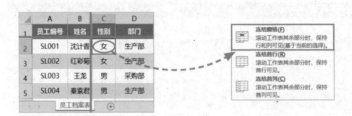

冻结效果如下图所示，可以看到滚动右侧和下方的滑块，A、B 两列和第1 行数据始终显示在界面中。相比首行冻结功能或首列冻结功能，冻结窗格功能更实用一些，它尤其适用于处理数据量大、字段多的表格。

9.2　设置培训成果分析表页面布局，打印表格

除了在计算机上查看表格，经常也需要将表格打印出来。Excel 表格的横向或者纵向区域范围非常广，因此打印时经常会出现各种意料之外的情况。例如，列字段多会导致一小部分列单独在一个页面，或者打印多页却只有一页有标题行等。这一节将介绍打印 Excel 表格的常用技巧。

9.2.1　字段太多打印不全，横排缩放来帮忙

小刘接到指令，要求把员工培训考核成绩打印成表以供查阅。小刘准备好设施后开始打印预览，结果发现预览的效果不尽如人意。原来因为数据表标题字段多，一页无法完全显示所有的列，而且排版太密，不美观。小刘犯了难，难道要重新调整行高和列宽？

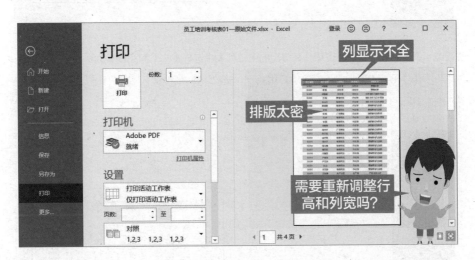

遇到这样的问题，首先应该尝试调整打印纸张的方向和缩放情况，具体步骤如下。

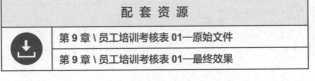

配 套 资 源		
⬇	第 9 章 \ 员工培训考核表 01—原始文件	
	第 9 章 \ 员工培训考核表 01—最终效果	

扫码看视频

STEP1» 打开本实例的原始文件，❶切换到【文件】选项卡，❷选择【打印】选项，❸将纸张方向修改为【横向】，可以看到横向打印排版效果没有那么紧凑了，但仍然缺少一列数据，如下图所示。

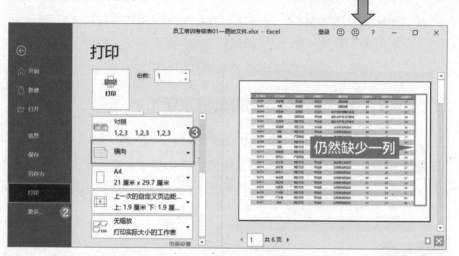

STEP2» 单击最下方的下拉按钮，在弹出的下拉列表中选择【将所有列调整为一页】选项，缺少的那一列数据便并排到一页上了，如下图所示。经过这两项设置，不但打印效果更加合理，还能节约打印纸张。

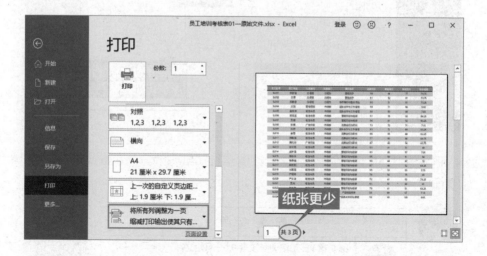

9.2.2　设置打印区域，打印所需数据

很多情况下不需要打印全部数据，有可能只需要打印一部分数据。例如，公司让小刘打印一份成绩排名前十的人员表，并且只显示综合成绩。这时首先得排序和调整区域，然后手动选择打印区域，具体步骤如下。

配 套 资 源
第 9 章 \ 员工培训考核表 02—原始文件
第 9 章 \ 员工培训考核表 02—最终效果

扫码看视频

STEP1» 打开本实例的原始文件，❶选中 I 列数据中任意一个单元格，❷切换到【数据】选项卡，❸单击【排序和筛选】组中的【降序】按钮，如下图所示。

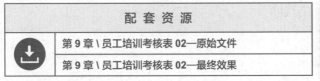

STEP2» 为保证打印区域连续，需要隐藏不相关的区域。❶选中 F 列至 H 列数据，单击鼠标右键，❷在弹出的快捷菜单中选择【隐藏】选项，如下图所示。

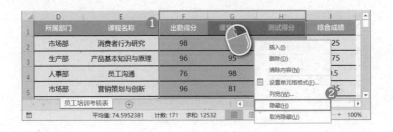

①为什么要隐藏这 3 列？因为在 Excel 中设置打印区域时，一个连续区域视为一页，非连续区域只能不同页打印，不管横排还是缩放，都无法将其合并为一页，不符合本实例需求，如下图所示。

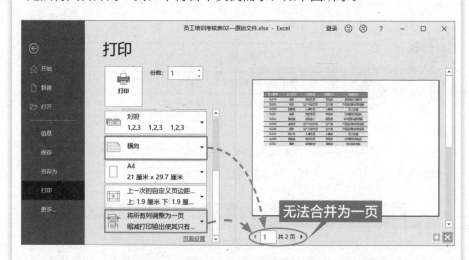

②可以直接删除这 3 列吗？答案是不能，因为"综合成绩"列是由这 3 列数据计算而来的，直接删除会导致 I 列数据出现错误。

STEP3» ❶选中 A1:I11 单元格区域，❷切换到【页面布局】选项卡，❸单击【页面设置】组中的【打印区域】按钮，❹在弹出的下拉列表中选择【设置打印区域】选项，如下图所示。

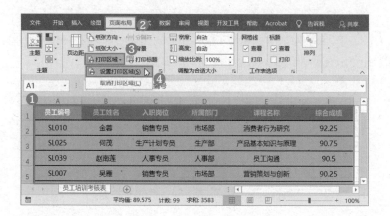

STEP4» 将纸张方向修改为【横向】，保证一页即可打印综合成绩前十名人员名单，如下图所示。

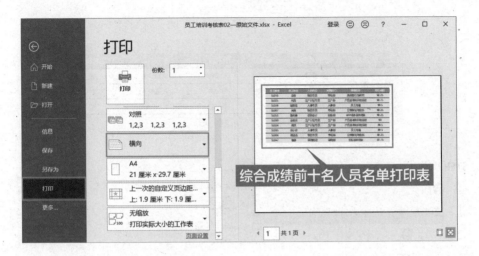

综合成绩前十名人员名单打印表

9.2.3 设置每页打印标题

　　小刘刚收到同事的反馈，称第 1 次打印的所有员工成绩表使用体验太差。原因是除了第 1 页以外，其他页均没有对应的标题，因此在查看后两页名单上员工的成绩时必须来回翻看第 1 页标题，非常麻烦。

　　为了避免打印的表格出现这种数据对应困难的情况，应在打印前给每一页都设置标题行，具体步骤如下。

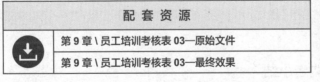

配 套 资 源
第 9 章 \ 员工培训考核表 03—原始文件
第 9 章 \ 员工培训考核表 03—最终效果

扫码看视频

STEP1» 打开本实例的原始文件，❶切换到【页面布局】选项卡，❷单击【页面设置】组中的【打印标题】按钮，如下页图所示。

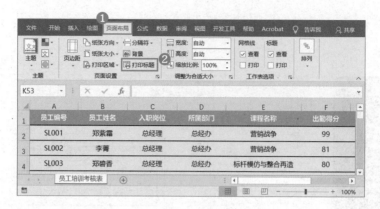

STEP2» 弹出【页面设置】对话框，❶将光标定位在【打印区域】文本框中，选中 A1:I57 单元格区域，❷将光标定位在【顶端标题行】文本框中，单击行号 1，❸单击【打印预览】按钮，如右图所示。

STEP3» 在打印时选择【横向】和【将所有列调整为一页】选项，这样打印出来的表每一页都会有标题。

 本章内容小结

　　本章主要介绍了查看数据和打印表格时常见的问题及解决方法。虽然查看数据与打印表格不是工作的主要内容，但所有会影响工作效率的问题都应该被重视。

　　从下一章开始将从整体出发，分别以财务、电商和人力资源相关数据为例，引导读者将前面学到的技能应用到实际案例中，真正做到融会贯通。

第 10 章

员工工资数据分析

- 多个工作簿如何合并为一个？
- 怎么合理地导出数据透视表中的数据？
- 如何制作职位工资的对比图？

多表分析不用愁，
合并操作很简单！

小刘收到领导下达的新任务：汇总下半年的职位工资平均值，并与市场平均水平进行比较分析。小刘平常是按月保存工资数据的，因此数据分析过程是这样的：

　　①汇总多个工作簿到一个工作簿，再汇总部门职位工资；

　　②按职位制作均值数据透视表，并将数据透视表中的数据引用到市场均值表里；

　　③制作职位工资的对比图。

10.1　多月工资表合并一表，明细汇总不用愁

　　数据汇总对我们来说并不陌生，使用前面讲过的分类汇总、数据透视表和函数都能实现数据汇总。但是，以往都是将明细表经过计算得到汇总数据的，这次需要完成的汇总是合并多个工作簿到一个工作簿，不涉及计算，只是合并明细数据，该怎么做呢？挨个复制吗？

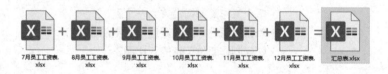

　　对于多个明细表汇总的操作，使用 Excel 自带的 Power Query 就可以解决，具体步骤如下。

配套资源
第 10 章 \ 工资表—原始文件
第 10 章 \ 工资汇总表—最终效果

扫码看视频

STEP1» 新建一个空白工作簿，将其重命名为"工资汇总表—最终效果"，❶切换到【数据】选项卡，❷单击【获取和转换数据】组中的【获取数据】按钮，❸在弹出的下拉列表中选择【自文件】选项，❹然后选择【从文件夹】选项，如下页图所示。

STEP2» 弹出【文件夹】对话框，❶单击【浏览】按钮，弹出【浏览】对话框，❷选择【工资表—原始文件】文件夹，❸单击【打开】按钮，回到【文件夹】对话框，❹单击【确定】按钮，如下图所示。

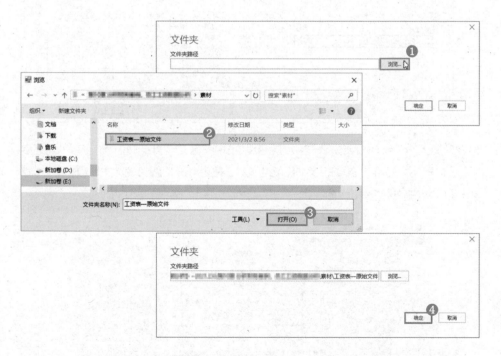

STEP3» ❶在弹出的对话框中单击【组合】按钮，❷在弹出的下拉列表中选择【合并并转换数据】选项，如下页图所示。

STEP4» 弹出【合并文件】对话框，❶选择【员工工资表】选项，右侧出现相关的预览界面，❷单击【确定】按钮，如下图所示。

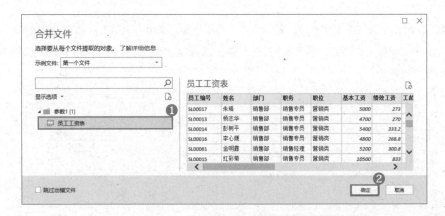

STEP5» 进入 Power Query 编辑器，中间为最终效果预览区，可以看到第 1 列为源文件标题名称列，这一列并不需要，直接删除即可。选中该列，❶切换到【主页】选项卡，❷单击【管理列】组中的【删除列】按钮，❸在弹出的下拉列表中选择【删除列】选项，如下图所示。

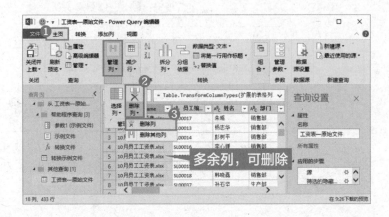

STEP6» ❶单击【关闭】组中的【关闭并上载】按钮，❷在弹出的下拉列表中选择【关闭并上载】选项，如下图所示。

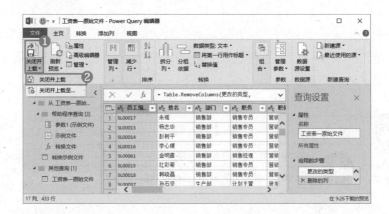

STEP7»Excel 操作界面中自动出现一个名为"工资表—原始文件"的工作表，即合并后的汇总表，说明多表合并成功，如下图所示。

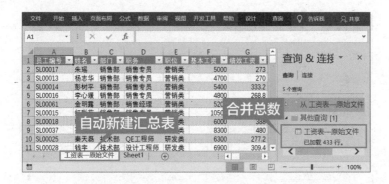

STEP8»合并后的汇总表自带表格格式，为了提升阅读效果，可以把行高调整为24，对齐方式设置为水平和垂直都居中，取消筛选和网格线，效果如下图所示。

 **10.2** 多维度分析工资数据，部门职位汇总分析

　　明细表汇总完毕，小刘现在可以做工资数据分析了。首先从部门职位的实发工资汇总开始，使用数据透视表功能汇总，汇总完成后将其设置为表格布局即可，具体步骤如下。

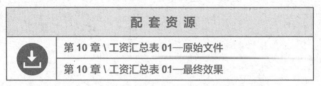

配 套 资 源
第 10 章 \ 工资汇总表 01—原始文件
第 10 章 \ 工资汇总表 01—最终效果

扫码看视频

STEP1» 打开本实例的原始文件，❶切换到【插入】选项卡，❷单击【表格】组中的【数据透视表】按钮，弹出【创建数据透视表】对话框，❸单击【确定】按钮，如下图所示。

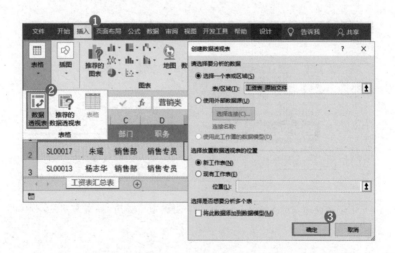

STEP2» 弹出【数据透视表字段】任务窗格，从字段列表框中将【部门】和【职位】字段拖曳至【行】区域内，将【实发工资】字段拖曳至【值】区域内，得到部门职位的实发工资汇总表，如下页图所示。

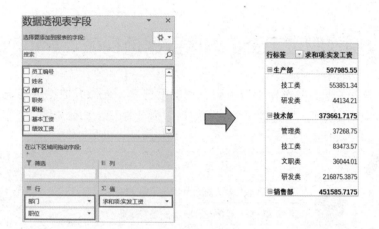

STEP3» 默认得到的数据透视表是压缩形式（行字段标题显示为行标签）的，不符合日常的阅读习惯，因此可以单击【布局】组中的【报表布局】按钮，在弹出的下拉列表中选择【以表格形式显示】选项，如右图所示。

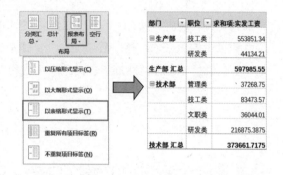

STEP4» 为了使对比效果更明显，可以将数据按职位进行降序排列。选中数据透视表中任意一个单元格，直接单击【排序和筛选】组中的【降序】按钮，即可将数据按职位进行降序排列，如右图所示。

通过查看部门职位工资汇总表，公司可以清楚地看到每个部门的成本重点在哪类职位上，并且可以根据职位间工资的差额对比，合理调配下一年度工资的比重。

10.3 制作职位工资平均值数据透视表，导出动态数据

小刘接下来需要制作职位平均工资的汇总表，先做好数据透视表，再把数据引用到市场薪酬平均值工作表里就可以做比较了，具体步骤如下。

配 套 资 源
第 10 章 \ 职位薪酬对比表 01—原始文件
第 10 章 \ 职位薪酬对比表 01—最终效果

扫码看视频

STEP1» 打开本实例的原始文件，选中【工资表汇总表】工作表数据区域内任意一个单元格，❶切换到【插入】选项卡，❷单击【表格】组中的【数据透视表】按钮，如右图所示。

STEP2» 弹出【创建数据透视表】对话框，保持默认设置不变，❶单击【确定】按钮，弹出【数据透视表字段】任务窗格，❷将【职位】字段拖曳至【行】区域，❸将【实发工资】字段拖曳至【值】区域，单击【求和项：实发工资】后的下拉按钮，❹在弹出的下拉列表中选择【值字段设置】选项，如下图所示。

STEP3» 弹出【值字段设置】对话框，❶在【计算类型】列表框中选择【平均值】选项，❷单击【确定】按钮，完成数据透视表的制作，如右图所示。

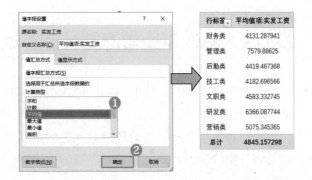

接下来的工作是引用数据透视表中的数据到【市场薪酬平均值】工作表里，一般使用 VLOOKUP 函数就可以完成，但这里只使用 VLOOKUP 函数会出现 #N/A 值（【市场薪酬平均值】表里的某些职位类别匹配不到），如右图所示。

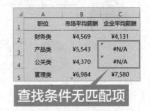

为了避免出现这样的值而产生误会，可以使用 IFERROR 函数消除错误值，该函数的解析如下：

$$IFERROR(value, value\_if\_error)$$

该函数的作用是，如果是正确值则显示第 1 个参数结果，如果是错误值则显示第 2 个参数结果。将 VLOOKUP 函数作为第 1 个参数，第 2 个参数设为空值，就可以保证即便无法匹配也只会输出空值，不会出现错误值。

STEP4» ❶切换到【市场薪酬平均值】工作表，❷在C1单元格中输入标题字段，❸在C2单元格输入公式，按【Enter】键，❹将 C2 单元格的公式向下填充，❺使用格式刷功能统一表格格式，❻删除有空值的行，如下图所示。

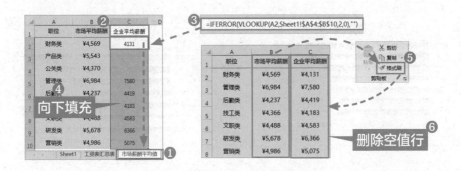

10.4　制作平均值温度计图，对比效果更明显

　　在做对比分析时，柱形图和条形图都是非常常用的图表类型。如果只是两个系列数据的对比，还可以做成温度计图，加强对比的效果。

　　小刘想在与市场平均值进行对比的同时，更直观地看出企业内不同职位之间的对比情况，因此需要先对表格数据排序，然后做成温度计条形图，具体步骤如下。

配套资源

第 10 章 \ 职位薪酬对比表 02—原始文件

第 10 章 \ 职位薪酬对比表 02—最终效果

扫码看视频

STEP1» 打开本实例的原始文件，选中 C 列的任意一个单元格，单击【排序和筛选】组中的【升序】按钮，将表格数据进行升序排列，如下图所示。

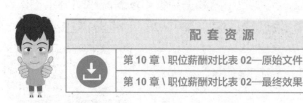

STEP2» 选中数据区域中任意一个单元格，插入簇状条形图，将标题改为"职位薪酬对比分析"，删除网格线和横坐标轴，将图例移至标题下方，如下图所示。

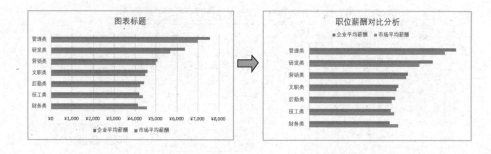

STEP3» 选中蓝色数据系列，打开【设置数据系列格式】任务窗格，❶选中【次坐标轴】单选钮，❷将【间隙宽度】设置为【85%】，❸【填充】设置为【无填充】，❹【边框】设置为【实线】，❺【颜色】设置为【蓝色，个性色 1】，❻【宽度】设置为【1 磅】，设置完成后将次要横坐标轴删除。

STEP4» 为"企业平均薪酬"数据系列添加数据标签，将图表字体设置为微软雅黑，标题字体设置为 12 号、加粗，效果如右图所示。

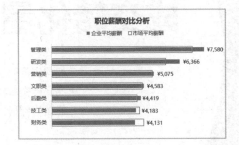

　　本章虽然只介绍了财务工作中一小部分数据分析工作的原理和方法，但数据分析的原理和方法是相通的，重点在于融会贯通。只要用对了分析方法和工具，提高工作效率很简单。

第 11 章

成交转化量与利润分析

- 如何进行商品成交转化量的分析？
- 商品成交率和利润关系如何？
- 怎么得到最大销售利润？

电商销售不神秘，
阶段分析更有序。

如今，网店销售占的比例越来越高，电商数据分析成为绕不开的重要部分。电商销售与传统销售有很大区别，这也体现在数据分析上。由于电商立足于网络，其分析的重点会有很大的不同，本章将引导读者从定价、成交转化量、产品成交率、利润等角度学习电商销售数据分析。

11.1　消费者心理定价研究，玩转数据

无论线上销售还是线下销售，定价都是核心问题之一。产品定价策略的好坏将直接影响商品销量的高低，对产品定价进行分析是销售中经常要做的工作。公司将产品定价分为了 3 种模式：149.9 元、150 元和 151 元。小刘需要分析这 3 种定价模式哪种更合适，具体步骤如下。

配　套　资　源
第 11 章 \ 定价销量表—原始文件
第 11 章 \ 定价销量表—最终效果

扫码看视频

STEP1» 打开本实例的原始文件，❶切换到【插入】选项卡，❷单击【表格】组中的【数据透视表】按钮，弹出【创建数据透视表】对话框，❸单击【确定】按钮，如下图所示。

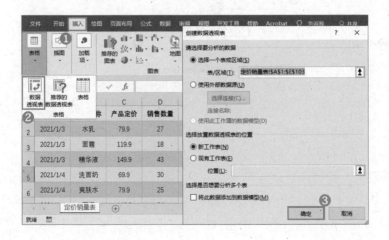

STEP2» 在【数据透视表字段】任务窗格中，将【商品名称】和【产品定价】字段拖曳至【行】区域，将【销售数量】拖曳至【值】区域，如右图所示。

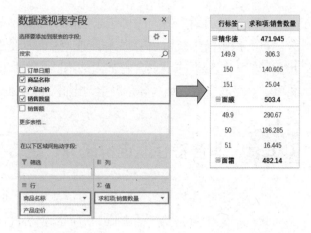

STEP3» 默认排版不适合查看和分析，需要切换表格布局。❶单击【布局】组中的【报表布局】按钮，❷在弹出的下拉列表中选择【以表格形式显示】选项，如右图所示。

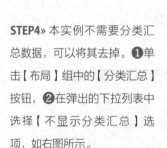

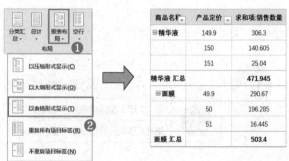

STEP4» 本实例不需要分类汇总数据，可以将其去掉。❶单击【布局】组中的【分类汇总】按钮，❷在弹出的下拉列表中选择【不显示分类汇总】选项，如右图所示。

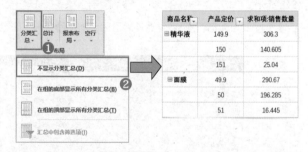

　　通过比较可以清楚地看到，定价尾数为 9.9 的产品销量比另外两个定价的产品销量之和还要高，虽然三者的差价其实非常小。

　　原因是人的阅读顺序通常是从左往右，当碰到 149.9 和 150 的前两位数时，消费者会认为前者价格更低。由于先入为主的心理，后面 9.9 的作用不太大，虽然金额只差了 0.1 元，但是大部分消费者还是认为前者更便宜，因此更倾向于购买便宜的商品。

11.2　商品成交转化量分析，制作漏斗图

　　从顾客点击店铺产生的浏览量开始，到最后实际成交的订单量结束，每一阶段的转化量都将影响店铺的销量和利润。

　　小刘需要统计 1 月成交转化量并做出相应分析。各阶段成交转化量以日为结算点，可以统计一个月内各阶段的平均值，汇总后再做成漏斗图，具体步骤如下。

配 套 资 源
第 11 章 \1 月成交量转化表—原始文件
第 11 章 \1 月成交量转化表—最终效果

扫码看视频

STEP1» 打开本实例的原始文件，在 I1:M1 单元格区域中输入汇总表标题，可以使用复制粘贴功能快速完成输入，在 I2 单元格中输入求平均值的公式，并将公式向右填充至 M2 单元格，如下图所示。

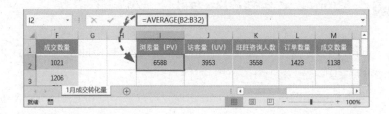

STEP2» 选中做好的汇总表数据区域中任意一个单元格，插入漏斗图，如下图所示。

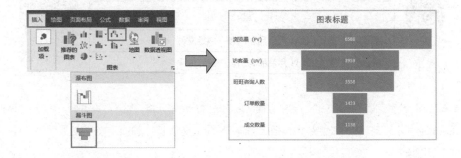

STEP3» 更改图表标题为"宝贝成交转化量分析",将数据系列的【间隙宽度】设置为【45%】,图表字体设置为微软雅黑,标题字体设置为 12 号、加粗,效果如右图所示。

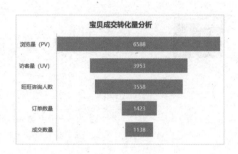

从这个漏斗图可以清楚地看到,从浏览量到最后的成交数量,有两个阶段的转化量明显下降。

第 1 个是浏览量到访客量阶段。访客量是指访问店铺的至少两个界面才离开的访客数量。访客量偏低说明虽然店铺的流量很高,但产品或店铺界面等对消费者的吸引力不够。

第 2 个是旺旺咨询人数到订单数量阶段。产生这种情况有两种可能:一是产品的实际功能与宣传有偏差,消费者具体咨询后打消了购买念头;二是客服回复不及时或者答非所问都会降低消费者的购买欲。

11.3　商品成交率与利润分析,制作组合图

小刘的公司推出了一款面霜,并且进行了促销宣传活动,领导让小刘分析该面霜的销售情况,看看市场反响如何。

小刘打算从商品的成交率、利润率和好评分数 3 个角度进行综合分析,先根据明细表制作汇总数据透视表,然后制作组合图进行分析,具体步骤如下。

配 套 资 源

第 11 章 \1 月商品利润表—原始文件

第 11 章 \1 月商品利润表—最终效果

扫码看视频

STEP1» 打开本实例的原始文件,选中数据区域内任意一个单元格,插入数据透视表,在【数据透视表字段】任务窗格中拖曳字段至相应位置,将【成交率】字段的汇总方式设置为平均值,如下页图所示。

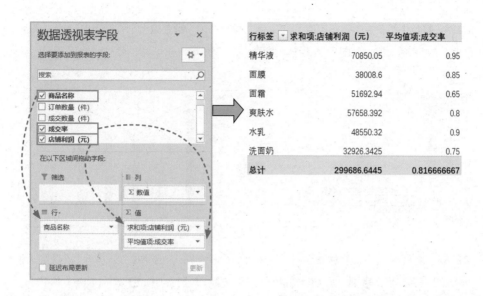

行标签	求和项:店铺利润（元）	平均值项:成交率
精华液	70850.05	0.95
面膜	38008.6	0.85
面霜	51692.94	0.65
爽肤水	57658.392	0.8
水乳	48550.32	0.9
洗面奶	32926.3425	0.75
总计	299686.6445	0.816666667

STEP2» 设置数据透视表格式，将【报表布局】设置为【以表格形式显示】，"店铺利润（元）"列的数字格式设置为【千位分隔样式】，"成交率"列的数字格式设置为【百分比】，然后将字体设置为微软雅黑，居中对齐，效果如右图所示。

商品名称	求和项:店铺利润（元）	平均值项:成交率
精华液	70,850.05	95%
面膜	38,008.60	85%
面霜	51,692.94	65%
爽肤水	57,658.39	80%
水乳	48,550.32	90%
洗面奶	32,926.34	75%
总计	299,686.64	82%

STEP3» 选中数据透视表中任意一个单元格，打开【插入图表】对话框，❶在【所有图表】选项卡中选择【组合图】选项，❷选择【自定义组合】选项，❸将【平均值项：成交率】设置为【折线图】并勾选【次坐标轴】复选框，❹单击【确定】按钮，如右图所示。

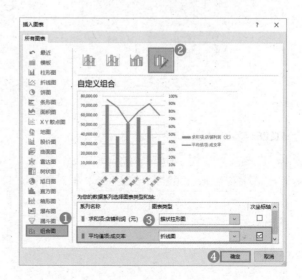

STEP4» ❶选中图表中任意一个字段按钮，单击鼠标右键，❷在弹出的快捷菜单中选择【隐藏图表上的所有字段按钮】选项，然后删除图例，如下图所示。

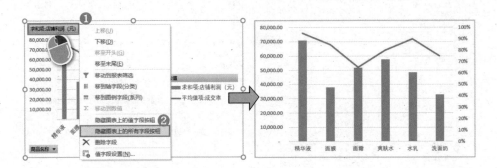

STEP5» 选中图表，添加图表标题"各产品利润与成交率分析"，选中折线，打开【设置数据系列格式】任务窗格，❶单击【填充与线条】按钮，❷单击【标记】，❸选中【内置】单选钮，❹【类型】选择圆形，【大小】设置为【5】，❺选中【纯色填充】单选钮，❻【颜色】设置为白色。

STEP6» 设置完成后，选中折线，添加数据标签，然后将主纵坐标轴的数字格式设置为【数字】。将整个图表的字体设置为微软雅黑，标题字体设置为12号、加粗，效果如右图所示。

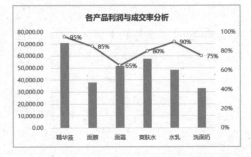

此时可以看出产品利润与成交率的关系，但是只看利润和成交率并不完全客观，还有一个非常重要的参考因素——好评分数。接下来小刘打算结合成交率和好评分数对商品进行进一步分析。

STEP7» 在做好的数据透视表中再创建一个新的数据透视表，在【数据透视表字段】任务窗格中完成下图所示的设置，注意汇总方式都设置为平均值。

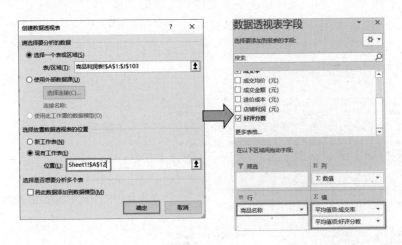

STEP8» 数据透视表创建完成后，按照STEP2的操作设置数据透视表格式，最终效果如右图所示。

商品名称	平均值项:成交率	平均值项:好评分数
精华液	95%	4.7
面膜	85%	4.6
面霜	65%	4.9
爽肤水	80%	4.7
水乳	90%	4.8
洗面奶	75%	4.7
总计	82%	4.7

STEP9» 以新的数据透视表为基础插入组合图表，这次两个数据系列都使用【带数据标记的折线图】选项，但要把其中一个设置为【次坐标轴】（两个折线图坐标轴刻度不同），插入组合图表后隐藏图表上的所有字段按钮，添加图表标题和纵坐标轴标题，设置图表字体格式，最终效果如右图所示。

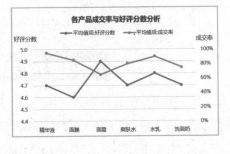

经过对比可以发现，虽然面霜的成交率不高，但好评分数较高，只要制订好产品的宣传策略，提升销量不是问题。

11.4　最大销售利润分析，规划求解问题

小刘每个月末需要根据销售情况，计划下个月的成本和进货数量，要求每种产品都要采购，但单项最多不超过 500 件，总数不超过 2500 件，总成本限制在 100000 元内，这种情况下怎么进货才能保证最大销售利润呢？

这时就需要用到前面讲过的规划求解了，先利用已有的成本利润数据计算出相应的公式，然后再设置规划求解约束条件。小刘根据上个月的汇总表做出了下图所示的规划求解表。

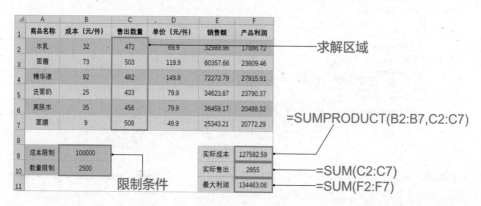

使用 SUMPRODUCT 函数可以对选定数据区域中对应位置的数据先乘积再求和，它的作用是计算区域中数据的乘积之和，该函数的解析和应用如下。

fx 函数说明

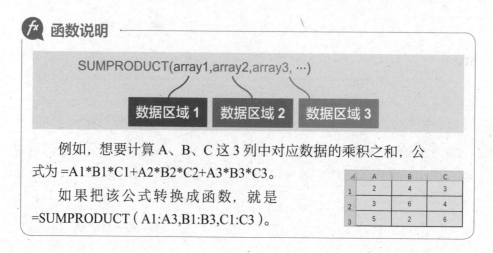

SUMPRODUCT(array1,array2,array3, …)

数据区域 1　数据区域 2　数据区域 3

例如，想要计算 A、B、C 这 3 列中对应数据的乘积之和，公式为 =A1*B1*C1+A2*B2*C2+A3*B3*C3。

如果把该公式转换成函数，就是 =SUMPRODUCT（A1:A3,B1:B3,C1:C3）。

函数说明

本实例需要汇总实际成本，那么就是成本（元／件）× 售出数量，两列数据相乘，然后求和即可，完整公式如下：

=SUMPRODUCT(B2:B7,C2:C7)

小刘的目的是求在限制条件下的最大利润值，以及要实现该利润值，6 种产品的售出数量分别为多少，然后根据这个数量来补充产品。

根据规划求解表及公司的要求，应将约束条件设置为 5 个，具体如下：

①实际成本 ≤ 成本限制；

②实际售出 ≤ 数量限制；

③所有商品的售出数量必须为整数；

④所有商品的售出数量必须大于等于 0；

⑤所有商品的售出数量必须小于等于 500。

有了约束条件，直接使用规划求解功能即可，具体步骤如下。

配 套 资 源	
第 11 章 \ 销售利润规划求解—原始文件	
第 11 章 \ 销售利润规划求解—最终效果	

扫码看视频

STEP1» 打开本实例的原始文件，❶切换到【数据】选项卡，❷单击【分析】组中的【规划求解】按钮，如下图所示。

STEP2» 弹出【规划求解参数】对话框，❶将光标定位在【设置目标】文本框中，选中 F11 单元格，❷选中【最大值】单选钮，❸将光标定位在【通过更改可变单元格】文本框中，选中 C2:C7 单元格区域，❹单击【添加】按钮，在弹出的【添加约束】对话框中设置约束条件，一共需要设置 5 个约束条件，添加完成后单击【确定】按钮返回【规划求解参数】对话框，❺单击【求解】按钮，如下页图所示。

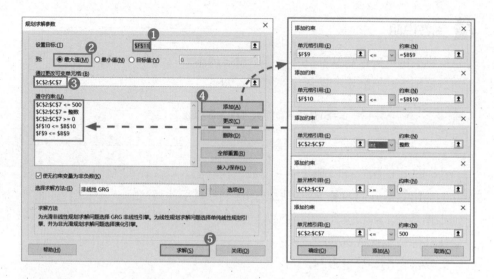

STEP3» 弹出【规划求解结果】对话框，❶选中【保留规划求解的解】单选钮，❷单击【确定】按钮，如右图所示。

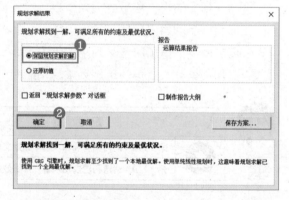

　　在现有的模型和约束条件下，想要实现销售利润最大化，每个产品的进货数量（即售出数量）的具体数值如右图所示。

　　在实际工作中，进行销售数据分析时会有各种各样的条件限制，因此规划求解是非常实用的功能。

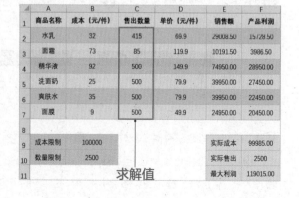

第 12 章

入职人员结构分析

- 怎么制作人员结构分析表模板?
- 怎么用函数分析人员结构数据?
- 怎么插入分析图表?

技能学得好不好,
实例分析来验证!

本章通过实例介绍人力资源管理中经常遇到的入职人员结构分析。

12.1 制作入职人员结构分析表，动态分析有模板

公司上半年招聘了大量新员工，小刘需要整理入职人员信息，并做出结构分析表。

小刘从学历、性别、年龄 3 个方面出发，用函数统计出相关人数，做出了 3 张分析表并将其美化，但领导却不满意这个分析结果。

应聘部门	大学本科	大专以下	大学专科	硕士研究生
生产部	9	22	15	0
行政部	3	2	2	0
技术部	2	0	0	4
销售部	7	26	13	0
采购部	3	7	8	0
人事部	2	5	4	1
财务部	2	1	3	0

学历结构分析　性别结构分析　年龄结构分析

应聘部门	男	女
生产部	28	18
行政部	3	4
技术部	2	4
销售部	15	31
采购部	13	5
人事部	5	7
财务部	1	5

学历结构分析　性别结

应聘部门	30以下	30～40	40～50	50以上
生产部	5	25	12	4
行政部	1	5	0	1
技术部	2	2	2	0
销售部	5	26	15	0
采购部	0	12	6	0
人事部	1	4	6	2
财务部	3	3	0	0

学历结构分析　性别结构分析　年龄结构分析

领导认为，小刘已经学会了这么多的技术，就不能再孤立地解决问题，要有整体思维。一份完整的数据分析报告可不是用几个函数随便统计张表就可以完成的，数据分析要先分解任务需求，将工作细化，知道该做什么表、每张表里要分析哪些要素、每个要素用什么形式展示、最后呈现的整体效果是怎么样的，有了框架后才能开始做。

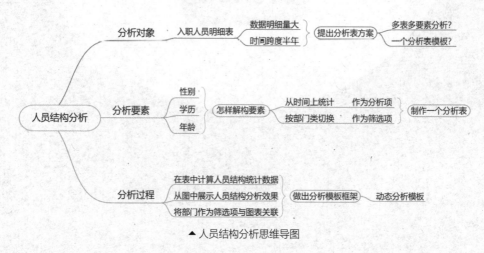

▲ 人员结构分析思维导图

如果明细表数据量大且时间跨度大，可以把"日期"作为列字段，"性别""学历""年龄"类似，可以做成二维标题行，共用"日期"列字段，这样就可以做成一份综合分析表；另外，"部门"可以作为单独筛选项，最后再插入合适的图表，一份动态人员结构分析表模板就完成了，如下图所示。

人事部	性别			学历				年龄			
日期	男	女	合计	大学本科	大专以下	大学专科	硕士研究生	30以下	30~40	40~50	50以上
	0	0	0	0	0	0	0	0	0	0	0
	0	0	0	0	0	0	0	0	0	0	0
3月	1	1	2	1			0	1	0	1	0
4月	0	0	0	0			0	0	0	0	0
5月	4	5	9	1	3	4	1	0	4	4	1
6月	0	1	1	0	1	0	0	0	0	1	0
汇总	5	7	12	2	5	4	1	1	4	6	1

制作这样的分析表模板，从表格制作开始到最后的数据分析，看起来好像很复杂，其实只是把前面学过的知识融会贯通并应用到一张表中而已。下面就从制作表格模板开始，具体步骤如下。

配套资源

第 12 章 \ 入职人员结构分析表 01—原始文件

第 12 章 \ 入职人员结构分析表 01—最终效果

扫码看视频

STEP1» 打开本实例的原始文件，明细表里"应聘部门"和"学历"列都是有限的固定项目，因此可以单独复制出来再去重作为参数表使用，❶新建工作表，并重命名为"参数表"，❷选中 B 列和 G 列，按【Ctrl】+【C】组合键复制，如下图所示。

STEP2» 将复制的两列粘贴到【参数表】里，❶ 分别选中两列，单击【数据工具】组中的【删除重复值】按钮，❷ 新建工作表，并重命名为"人员结构分析表"，将表格内字体设置为微软雅黑，单击【对齐方式】组中的【垂直居中】和【居中】按钮，将行高设置为 24、列宽设置为 10，将 A 列的列宽单独设置为 1（此设置为优化显示效果），如下图所示。

 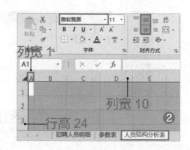

STEP3» 制作分析表框架。❶ 将 B1:M1 单元格区域合并居中，输入标题"入职人员结构分析"。❷ 设置图表展示区。第 2 行行高设置为 155，用来放置图表，如下图蓝色框区域。❸ 制作数据表。按照下图所示内容设置下方数据表的结构；学历项可以将参数表里的学历转置粘贴至对应单元格，并调整这 4 列的列宽为 14；将 B3 单元格设置为筛选区，使用数据验证功能即可；将所有的标题字体加粗，字号设置为 12，效果如下图所示。

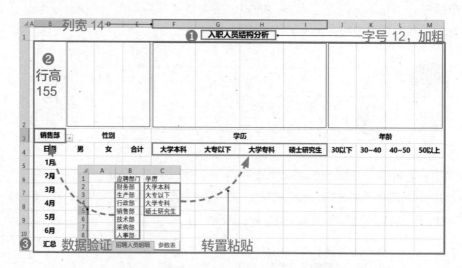

STEP4» 填充模板底色和设置边框线。模板底色配色如右图所示。填充颜色后，将深颜色底色的标题颜色调整为白色，同时总标题字体可以加大两号以示区别，去掉 Excel 自带的网格线，如下图所示。

配色表	
	绿色，个性色6，深色50%
	绿色，个性色6，深色25%
	绿色，个性色6，淡色40%
	绿色，个性色6，淡色60%
	绿色，个性色6，淡色80%
	蓝色，个性色5，淡色80%

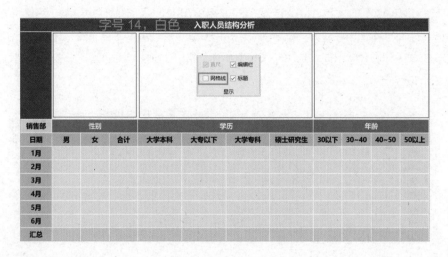

字号 14，白色　入职人员结构分析

销售部	性别			学历				年龄			
日期	男	女	合计	大学本科	大专以下	大学专科	硕士研究生	30以下	30~40	40~50	50以上
1月											
2月											
3月											
4月											
5月											
6月											
汇总											

12.2 用统计函数分析员工性别、学历和年龄结构

模板制作完毕后，就可以进行数据分析和图表展示了。这一节将从性别、学历和年龄 3 个方面分别统计上半年入职人员的人数。

涉及多条件统计汇总，自然要用到 COUNTIFS 多条件统计函数了，回顾一下该函数的格式：

> COUNTIFS（条件区域 1，条件 1，条件区域 2，条件 2，…）

虽然只需要这一个函数，不过有多个条件，引用方式也需要混合使用，所以一定要仔细设置条件区域和条件，具体步骤如下。

STEP1» 打开本实例的原始文件，这部分主要是使用COUNTIFS函数统计各类人数（合计和汇总项是为作图而添加的辅助项）。公式里要注意引用方式的切换使用，要尽可能最大化提高使用效率。在 C5、E5、C11、F5、J5、K5、L5 和 M5 单元格内分别输入对应的公式，各单元格具体公式如下图所示。

B	C	D	E	F	G	H	I	J	K	L	M
销售部	性别		合计	学历				年龄			
日期	男	女	合计	大学本科	大专以下	大学专科	硕士研究生	30以下	30~40	40~50	50以上
1月	1		1	0				0	2	0	0
2月											
3月											
4月											
5月											
6月											
汇总	1										

C5 → =COUNTIFS(招聘人员明细!$B:$B,$B$3,招聘人员明细!$A:$A,$B5,招聘人员明细!$E:E,C4)

E5 → =SUM(C5:D5)   C11 → =SUM(C5:C10)

F5 → =COUNTIFS(招聘人员明细!$B:$B,$B$3,招聘人员明细!$A:$A,$B5,招聘人员明细!$G:G,F4)

J5 → =COUNTIFS(招聘人员明细!$B:$B,$B$3,招聘人员明细!$A:$A,$B5,招聘人员明细!$F:$F,"<=30")

K5 → =COUNTIFS(招聘人员明细!$B:$B,$B$3,招聘人员明细!$A:$A,$B5,招聘人员明细!$F:$F,">30",招聘人员明细!$F:$F,"<=40")

L5 → =COUNTIFS(招聘人员明细!$B:$B,$B$3,招聘人员明细!$A:$A,$B5,招聘人员明细!$F:$F,">40",招聘人员明细!$F:$F,"<=50")

M5 → =COUNTIFS(招聘人员明细!$B:$B,$B$3,招聘人员明细!$A:$A,$B5,招聘人员明细!$F:$F,">50")

▲ 单元格具体公式

STEP2» 设置好公式后填充单元格区域，按下页图中箭头方向填充整个数据表，这样就完成了数据分析的表格部分。

销售部	性别			学历				年龄			
日期	男	女	合计	大学本科	大专以下	大学专科	硕士研究生	30以下	30~40	40~50	50以上
1月	1	1	2	0	1	1	0	0	2	0	0
2月	2	0	2	0	2	0	0	1	0	1	0
3月	2	7	9	0	7	2	0	1	7	1	0
4月	2	4	6	1	3	2	0	1	2	3	0
5月	1	12	13	1	8	4	0	1	7	5	0
6月	7	7	14	5	5	4	0	1	8	5	0
汇总	15	31	46	7	26	13	0	5	26	15	0

可以看到，公式中添加了 B3 单元格作为条件，因此只要 B3 单元格的数据变动，整张表的计算结果也会变动，从而实现了表格动态筛选的效果。

例如，将 B3 单元格数据由"销售部"修改为"人事部"，所有计算结果都自动更新了，如下图所示。

人事部	性别			学历				年龄			
日期	男	女	合计	大学本科	大专以下	大学专科	硕士研究生	30以下	30~40	40~50	50以上
1月	0	0	0	0	0	0	0	0	0	0	0
2月	0	0	0	0	0	0	0	0	0	0	0
3月	1	1	2	1	1	0	0	1	0	1	0
4月	0	0	0	0	0	0	0	0	0	0	0
5月	4	5	9	0	3	4	1	0	4	4	1
6月	0	1	1	0	1	0	0	0	0	1	0
汇总	5	7	12	2	5	4	1	1	4	6	1

自动更新结果

12.3 插入分析图表，展示效果更出彩

综合分析怎么能少了图表呢？分析表再多，也只是充满数字的表格，若想提高展示效果，图表是不错的选择。

本实例将根据分析数据的特点制作 3 种不同类型的图表，分别是性别对比柱形图、学历对比条形图和年龄百分比圆环图，具体步骤如下。

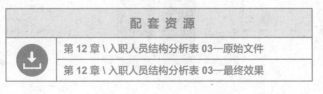

配套资源

第 12 章 \ 入职人员结构分析表 03—原始文件

第 12 章 \ 入职人员结构分析表 03—最终效果

扫码看视频

图表一：性别对比柱形图

STEP1» 打开本实例的原始文件（部门选择为"人事部"），❶选中 C4:E4 和 C11:E11 单元格区域，插入簇状柱形图，选中柱形图，切换到【设计】选项卡，❷单击【数据】组中的【切换行/列】按钮，❸输入标题"男女人数对比分析"，删除坐标轴和网格线，❹打开【设置图表区格式】任务窗格，将【填充】设置为【无填充】，【边框】设置为【无线条】，如下图所示。

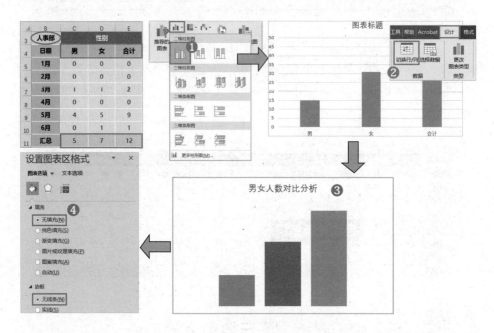

STEP2» ❶选中蓝色数据系列，打开【设置数据系列格式】任务窗格，选中【次坐标轴】单选钮，将橙色数据系列也设置为【次坐标轴】，❷选中灰色数据系列，打开【设置数据系列格式】任务窗格，将【间隙宽度】设置为【70%】，设置完成后，删除次要纵坐标轴，如下图所示。

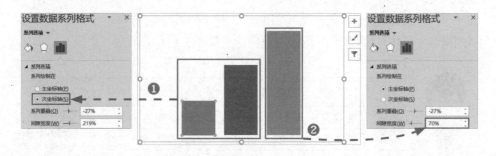

STEP3» 添加数据标签。选中图表，❶单击图表右上角的【图表元素】按钮，❷单击【数据标签】右侧的三角按钮，❸选择【数据标签外】选项。

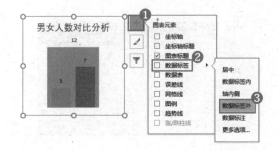

STEP4» 由于数据标签只显示数值，看不出柱体代表的性别，因此需要设置标签格式。分别选中 3 个数据标签，打开【设置数据标签格式】任务窗格，勾选【系列名称】复选框，手动调整数据标签的位置，如下图所示。

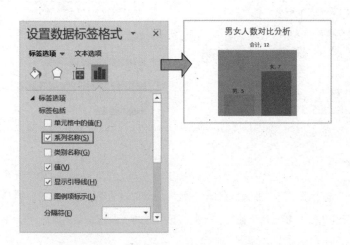

STEP5» 美化图表。选中代表男性的柱体，将颜色的 RGB 值设置为（84、130、53），然后选中代表女性的柱体，将颜色的 RGB 值设置为（169、209、142），最后将标题字体设置为微软雅黑、12 号、加粗，数据标签字体设置为微软雅黑、9 号，男女对应的数据标签设置为白色。设置完成后将图表缩小，移至设置好的图表区域中即可，效果如右图所示。

图表二：学历对比条形图

STEP1» 选中 F4:I4 和 F11:I11 单元格区域，插入条形图，将图表标题改为"各学历人数对比分析"，删除横坐标轴和网格线，如下页图所示。

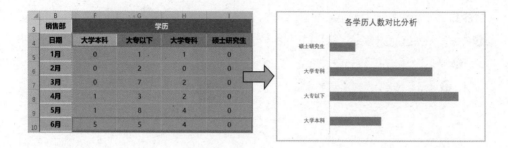

STEP2» 去掉纵坐标轴的线条。选中纵坐标轴，打开【设置坐标轴格式】任务窗格，❶单击【填充与线条】按钮，❷选中【无线条】单选钮，如下图所示。

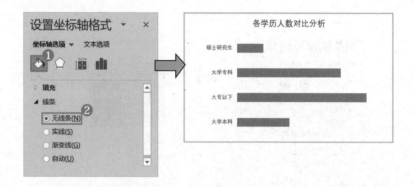

STEP3» 添加数据标签。选中图表，❶单击图表右上角的【图表元素】按钮，❷单击【数据标签】右侧的三角按钮，❸选择【数据标签外】选项，为条形图添加数据标签，如下图所示。

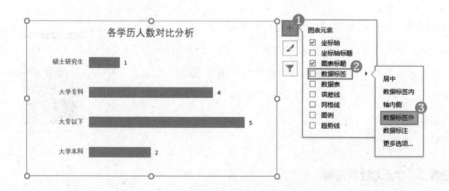

STEP4» 设置数据系列的间隙宽度。选中数据系列，打开【设置数据系列格式】任务窗格，将【间隙宽度】设置为【130%】，如下页图所示。

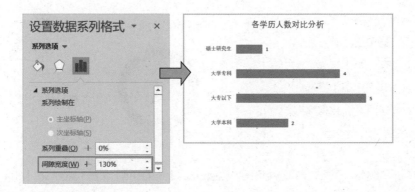

STEP5» 设置数据系列颜色。分别选中 4 个条形，按照下图所示的参数设置其颜色的 RGB 值。

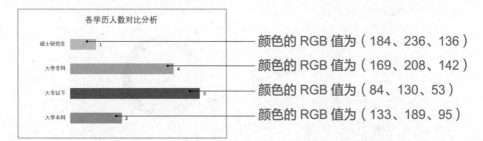

颜色的 RGB 值为（184、236、136）
颜色的 RGB 值为（169、208、142）
颜色的 RGB 值为（84、130、53）
颜色的 RGB 值为（133、189、95）

STEP6» 将标题字体设置为微软雅黑、12 号、加粗，坐标轴字体设置为微软雅黑、9 号，数据标签字体设置为微软雅黑、9 号，图表区设置为无填充、无轮廓，最后将条形图移至设置好的图表区域中即可，效果如右图所示。

图表三：年龄百分比圆环图

STEP1» 选中 J4:M4 和 J11:M11 单元格区域，插入圆环图，将标题内容改为"各年龄层人数占比分析"，删除图例，如下图所示。

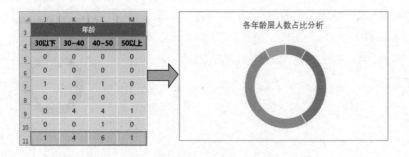

STEP2» 添加数据标签。选中图表，❶单击图表右上角的【图表元素】按钮，❷勾选【数据标签】复选框，为圆环图添加数据标签，如右图所示。

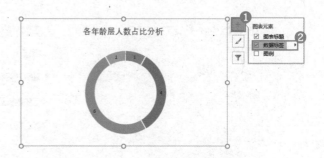

STEP3» 设置数据标签格式。打开【设置数据标签格式】任务窗格，勾选【类别名称】和【百分比】复选框，取消勾选【值】复选框，将数据标签移至圆环外部，如下图所示。

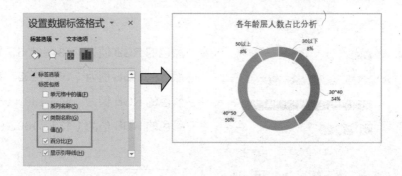

STEP4» 设置圆环颜色。分别选中 4 个部分，按照下图所示的参数设置其颜色的 RGB 值。

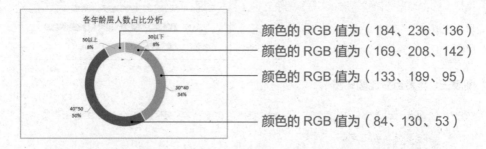

颜色的 RGB 值为（184、236、136）
颜色的 RGB 值为（169、208、142）
颜色的 RGB 值为（133、189、95）
颜色的 RGB 值为（84、130、53）

STEP5» 将标题字体设置为微软雅黑、12 号、加粗，数据标签字体设置为微软雅黑、9 号，将图表区设置为无填充、无轮廓，最后将圆环图移至设置好的图表区域中，效果如右图所示。